"纳米"来啦

令人脑洞大开的纳米科技

任红轩◎著

中国质检出版社
中国标准出版社

北 京

U0347477

图书在版编目（CIP）数据

"纳米"来啦　令人脑洞大开的纳米科技 / 任红轩著 . —北京：中国质检出版社，2018.10

ISBN 978-7-5026-4639-4

Ⅰ . ①纳…　Ⅱ . ①任…　Ⅲ . ①纳米技术—普及读物　Ⅳ . ① TB303-49

中国版本图书馆 CIP 数据核字（2018）第 186888 号

出版发行	中国质检出版社　中国标准出版社
	北京市朝阳区和平里西街甲 2 号（100029）
	北京市西城区三里河北街 16 号（100045）
	总编室：（010）68533533
	发行中心：（010）51780238
	读者服务部：（010）68523946
	各地新华书店经销
网　　址	www.spc.net.cn
印　　刷	北京建宏印刷有限公司
版　　次	2018 年 10 月第一版　2019 年 9 月第二次印刷
开　　本	880×1230　1/32
印　　张	4.625
字　　数	115 千字
定　　价	28.00 元

目录 >>>

CONTENTS

第1章
"纳米"来了

导语: 科技的发展完全颠覆了人类传统的生活方式,每一项重大技术的发展都可以影响几代人的生活方式。蒸汽机的出现,使人们告别刀耕火种,进入蒸汽时代,生产力获得了极大的解放,人类进行了第一次工业革命;电的发明,使得整个世界摆脱了黑夜限制,变得明亮和快捷,人类进入电气时代,开始了第二次工业革命;晶体管的发明,带来了电脑、手机和网络,使得人类的联系摆脱了时间和空间的限制,沟通变得非常便捷,人类进入信息时代,掀起了第三次工业革命。现在,一项新的技术正悄然潜入我们的生活(图1-1~图1-3),这就是我们耳熟能详的纳米科技,随着它的深入发展,引爆了第四次工业革命。

也许有一天,你的生活和周围的世界会全面与一个称为"纳米"的名词紧密联系起来:当你入睡时,纳米传感器会整夜监控你的呼吸状态和睡眠质量,如果有异常情况发生,仪器会自动报警;当你清晨醒来时,纳米传感器会及时把你的状态发送给主机,由纳米变色材料制成的智能玻璃自动调整透入室内的光线;从纳米材料制成的纱窗进入大量经过过

图 1-1 防雾霾纱窗

滤的新鲜空气，再也不用担心雾霾；当你一不小心把纳米陶瓷杯摔到地上的时候，杯子不是变得粉碎，反而有可能完好无损；又厚又重的电视不存在了，取而代之的是虚拟增强现实投影技术；当你生病时，血液中的纳米机器人将带着药物运动到患病部位，定点进行治疗，使你快速恢复健康（图1-4）；出门有集成大量纳米传感器的无人驾驶新能源汽车代步，至少可以跑1000km，而充满电只要几分钟（图1-5）；长途旅行时，有无人驾驶的飞机帮助你；使用的计算机到了量子水平，真正实现超级计算，传统的密码在它面前相形见绌，实现了人工智能；计算机的电路和元器件进入亚纳米尺寸，并且可以穿戴在身上；利用碳纳米管或石墨烯做的太空天梯可以完成月球旅行……

20世纪80年代末才发展起来的纳米科技，研究的领域介于宏观和微观之间。纳米科技一经兴起，就迅速渗透到科学和社会各个领域，并以爆发式的速度拓展。目前所取得的成就，已经展示了无比广阔的美好前景。随着技术的不断突破和产业化，纳米科技正不知不觉地走进我们的生活，悄然改变着我们的未来。有谁曾想到："量子世界、隐身材料、人工智能、机器人、云计算、大数据、无人驾驶、物联网、互联网医疗、远程人体监测、重大疾病治疗"等各种黑科技的背后是以纳米材料和纳米结构为核心的纳米技术做支撑。无怪乎欧美等发达国家都把纳米技术作为未来颠覆性技术之一，投入巨资加以研发，抢占未来的科技与经济制高点。

图 1-2 摔不碎的
纳米陶瓷杯

在这波澜壮阔的新技术革命洪流中，纳米技术、信息技术和生物技术一起构成了 21 世纪推动经济和社会发展的三驾马车，深刻地改变着人类社会。正如我国著名科学家钱学森先生所说：纳米科技将会带来一场技术革命，从而引起 21 世纪又一次产业革命。

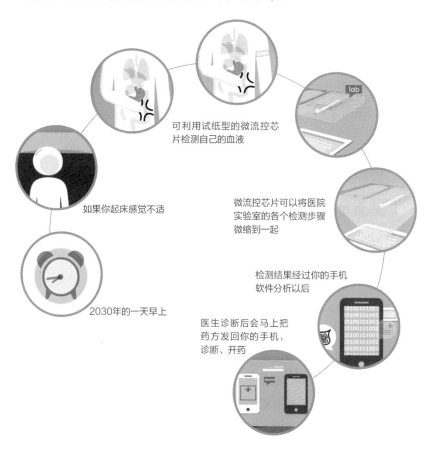

可利用试纸型的微流控芯片检测自己的血液

微流控芯片可以将医院实验室的各个检测步骤微缩到一起

检测结果经过你的手机软件分析以后

医生诊断后会马上把药方发回你的手机，诊断、开药

如果你起床感觉不适

2030年的一天早上

图 1-3

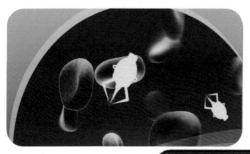

图 1-4 纳米机器人定点清除血管中的斑块

图 1-5 电动汽车实现快速充电

　　2000 年以后，随着信息技术的发展，存储容量在纳米技术支撑下从最初的 81KB 软盘，提升到 14TB 硬盘，中间经历了 MB 级 和 GB 级（图1-6），增长了 9 个数量级，支持了大数据、材料基因组、基因测序、蛋白质工程、新药设计等对数据存储有很高要求的高新技术发展；在微纳加工技术的支撑下，芯片中集成的晶体管数量从最初的 2300 个，提升到 2017 年的 100 亿个（图1-7），增长了 7 个数量级，支持了智能手机、机器人、超级计算、人工智能和量子芯片等对计算能力有很高要求的高新技术发展；显示器从以前笨重的 CRT，变成轻薄的液晶，未来还会变成柔性可卷折显示器，便于随身携带和信息交流。计算机芯片加工技术深入纳米尺度，使人类全面进入纳米时代，进而引爆新一代波澜壮阔的科技和产业革命。

　　在这里，让我们从纳米及纳米科技的概念开始，去探索神奇的纳米世界吧。

知识点

Fin FET 全称 Fin Field-Effect Transistor，中文名叫鳍式场效应晶体管，是一种新的互补式金属氧化物半导体晶体管。FinFET 的命名是根据晶体管的闸门 3D 架构形状类似鱼鳍的叉状而来，在功能上与传统晶体管不同之处在于可从电路的两侧控制电路的接通与断开，这种设计可以改善电路控制并减少漏电流，缩短晶体管的闸长，对在纳米尺度缩小晶体管的尺寸有重要意义。

容量为14TB的硬盘

8英寸（in）81KB，5.25in单面180KB，3in双面1.44MB

图 1-6 存储容量的提升

集成100亿个晶体管10nm工艺
3D FinFET技术

第一块个人处理器
2300个晶体管10μm工艺

图 1-7 芯片中晶体管数量的提升

注：1英寸（in）=0.0254m。

5

第2章
问道"纳米"

导语： 判断纳米材料的关键在于两点，除了纳米尺度的概念之外，还需要判断是否具有纳米效应。真正的纳米材料至少有一个维度处在纳米尺度，同时还应具有比表面效应、小尺寸效应和量子隧道效应等与宏观尺度材料不同的纳米效应。

1. 什么是纳米？

纳米是一个长度单位，1纳米为百万分之一毫米，也就是10亿分之一米（1 nm=10^{-9}m）。一个氢原子直径是0.1nm，也就是10个氢原子排成一排的长度是1纳米；硅原子的直径是2埃，1nm相当于5个硅原子排成一排的距离。

图 2-1 1纳米长的10个氢原子示意图

注：1埃=10^{-10}m。

知识点

通常人类的头发看起来很光滑，但是把它放到电子显微镜下，你会发现在貌似光滑的外表之下，存在非常多的鳞片结构。头发直径范围是 60μm~90μm。

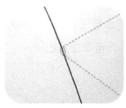 

图 2-2 一根头发的照片及头发的电镜照片

1nm相当于一根头发丝直径的十万分之一。

图 2-3 纳米齿轮示意图

这些纳米齿轮是为一台计算机设计的，它的直径只有几纳米，由一个个的单原子堆积而成。

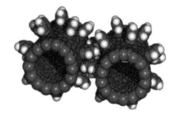

图 2-4 把高尔夫球放大10⁹倍

高尔夫球直径约 4×10^7nm，地球直径约1.28×10^{16}nm。

举个例子来说，如果把1nm的材料放在一个高尔夫球上，把它放大到10⁹倍，就相当于把1/4个高尔夫球放在地球上。

知识点

　　人类对世界的探索一直在朝两个方向发展，一个方向是向宏观世界——浩瀚的宇宙；另一个方向是向微观世界——物质的起源。在宏观向微观发展的过程中，不可避免地会经过纳米尺度——介于宏观和微观之间，因此纳米尺度也常被称作介观尺度。

　　我们可以从熟悉的地理城市大小出发，更好地理解空间尺度大小的概念。从下面一组图可知，我们可以在卫星上架起设备来观察地球。

图 2-5 10^7m分辨率
10^7m（10000km）可以分辨地球的一部分

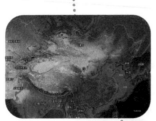

图 2-6 10^6m分辨率
10^6m（1000km）可分辨不同的国家

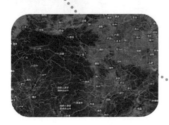

图 2-7 10^5m分辨率
10^5m（100km）可分辨不同的省份

图 2-12 10^0m分辨率

10^0m（1m）可分辨汽车

图 2-11 10^1m分辨率

10^1m（10m）可分辨建筑物

图 2-10 10^2m分辨率

10^2m（100m）可分辨城市中居民区的建筑排列

图 2-9 10^3m分辨率

10^3m（1km）可分辨城市中的街区

图 2-8 10^4m分辨率

10^4m（10km）可分辨不同的城市

目前使用高分辨侦察卫星，对地最好的分辨率是 0.1m，数据不对外公开。因此，对于更小尺度的观察，恐怕我们要换个角度，换种设备来进行了。

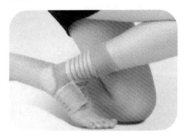

图 2-13 10^{-1}m分辨率

10^{-1}m（1dm）可分辨人的大关节

图 2-14 10^{-2}m分辨率

10^{-2}m（1cm）可分辨人的指关节

图 2-15 10^{-3}m分辨率

10^{-3}m（1mm）可分辨蚂蚁

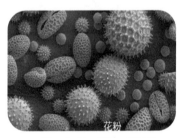

图 2-16 10^{-4}m分辨率

10^{-4}m（100μm）可分辨花粉、螨虫等

知识点

蚂蚁一般个体较小，通常在 0.05cm~3cm。

植物的花粉直径大概在 100μm~200μm。外观很像蒺藜，表面有很多倒刺，容易勾在其他材料的表面，实现花粉传播的目的。

细胞是人体的结构和功能单位。约有 40 万亿 ~60 万亿个，细胞的平均直径是 10μm~20μm。最大的人体细胞是成熟的卵细胞，直径在 0.1mm 以上；最小的是血小板，直径只有约 2μm。

图 2-17 10^{-5}m分辨率

10^{-5}m（10μm）可分辨细胞

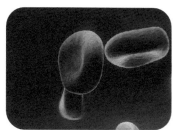

图 2-18 10^{-6}m分辨率

10^{-6}m（1μm）可看到血液中红细胞

知
识
点

人类的红细胞的直径大概在2μm~5μm，也就是2000nm~5000nm。形状像一个柿饼。

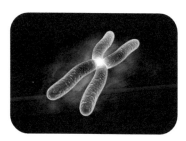

图 2-19 10^{-7}m分辨率

10^{-7}m（100nm）可分辨染色体

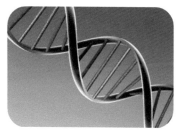

图 2-20 10^{-8}m分辨率

10^{-8}m（10nm）可分辨DNA的双螺旋结构

知识点

　　染色体是细胞内具有遗传性质的遗传物质深度压缩形成的聚合体，易被碱性染料染成深色。染色体的一级结构经螺旋化形成中空的线状体，称为螺线体、核丝、螺线筒、螺旋管；染色体的"二级结构"，其外径约 30nm，内径 10nm，相邻螺旋间距为 11nm。30nm 左右的螺线体（二级结构）再进一步螺旋化，形成直径为 0.4μm 的筒状体，称为超螺旋管，这是染色体的"三级结构"。

3.4nm

2nm

图 2-21 10⁻⁹m 分辨率

10⁻⁹m（1nm）可分辨DNA的分子结构

知识点

　　DNA 的链段间距约 0.4nm~2nm，它不仅是遗传物质，也是天然的纳米材料。形状有点像我们吃的麻花，由两条链螺旋状扭曲。病毒尺寸在数百纳米，上面布满狼牙棒状的结构，是它能够快速传播的结构因素。科学家也会利用它做纳米药物的载体，实现特殊药物的靶向功能。

科学家利用DNA作为建筑材料,像搭积木一样组建纳米机器,用于疏通拥堵的血管,搭载治疗的药物。同时,如果把DNA拉直了就是纳米线了,有人想:是否可以做导线;碱基对一比一匹配,有人考虑:是否可以替代"0""1"计算机的逻辑,做DNA计算机……

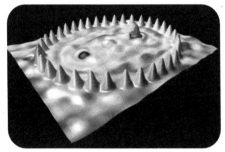

图 2-22 量子围栏   图 2-23 电子云示意图

10^{-10}m(1Å)可看到电子云笼罩下的原子轮廓 10^{-11}m(10pm)可以分辨电子云

知
识
点

原子本意来源于希腊语"不可再分",现代的含义指化学反应不可再分的基本微粒,原子在化学反应中不可分割。但在物理状态中可以分割。原子由原子核和高速绕核运动的电子组成。原子构成一般物质的最小单位,称为元素。目前已知的化学元素有119种。

10^{-11}m（10pm）可分辨电子云,但看不见原子核。更小实空间的观察,目前受仪器分辨率的影响,尚未实现,主要靠更小的结构理论模型计算和其他一些实验证据推测而来。

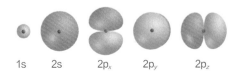

1s   2s   2p$_x$ 2p$_y$ 2p$_z$

图 2-24 电子云轨道示意图

知识点

电子是一种微观粒子,在原子如此小的空间（直径约 10^{-10} m）内作高速（接近光速 3×10^8 m·s^{-1}）运动,核外电子的运动与宏观物体运动不同,没有确定的方向和轨迹,只能用电子云描述它在原子核外空间某处出现机会（几率）的大小。s 轨道像个球的形状,p 轨道有点像人的两个肾的形状。

10^{-12}m（1pm）可进一步看清电子云中的轨道,但看不见原子核。

图 2-25 原子核示意图

10^{-15}m（1fm）可整体上分辨原子核

图 2-26 质子示意图

10^{-16}m（0.1fm）可分辨原子核中的质子和中子

原子核位于原子的核心部分，由质子和中子两种微粒构成。原子核极小，直径为 10^{-15}m~10^{-14}m，体积只占原子体积的几千亿分之一，在这极小的原子核里却集中了 99.96% 以上原子的质量。原子核的密度极大，核密度约为 10^{17}kg/m^3，即 1m^3 的体积如装满原子核，其质量将达到 10^{14}t，即 1 百万亿 t。原子核的能量极大。但是这也改变了质量守恒定律，根据相对论，原子能的释放，可以把质量转化成巨大的能量。

质子是由两个上夸克和一个下夸克组成，中子是由两个下夸克和一个上夸克组成。构成原子核的质子和中子之间存在着巨大的吸引力，能克服质子之间所带正电荷的斥力而结合成原子核，使原子在化学反应中原子核不发生分裂。当一些原子核发生裂变（原子核分裂为两个或更多的核）或聚变（轻原子核相遇时结合成为重核）时，会释放出巨大的原子核能，即，原子能（如，核能发电）。原子由带等量的带正电的质子、带负电的电子，以及电中性的中子构成，整个原子不显电性是中性。

夸克是一种基本粒子，也是构成物质的基本单元。夸克互相结合，形成一种复合粒子，叫强子，强子中最稳定的是质子和中子，它们是构成原子核的单元。由于一种叫"夸克禁闭"的现象，夸克不能够直接被观测到，或是被分离出来；只能够在强子里面找到夸克。正是因为这个原因，我们对夸克的所知大都是来自对强子的观测。

图 2-27 夸克构成的质子模型示意图
10^{-18}m（1am）可分辨组成质子和中子的夸克

"纳米"来啦
令人脑洞大开的纳米科技

《庄子》曰："一尺之棰，日取其半，万世不竭"，指一尺的东西今天取其一半，明天取其一半的一半，后天再取其一半的一半的一半，总有一半留下，所以永远也取不尽。延伸到物质组成上，夸克以下是否还有亚结构，是否还可以再分，值得我们想象……

2. 什么是纳米尺度？

纳米尺度是指尺寸为 0.1nm~100nm，见图 2-28。

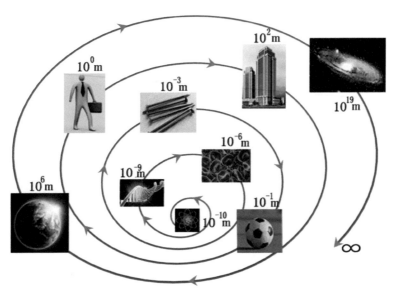

图 2-28 纳米尺度

3. 什么是纳米科技?

纳米科技即纳米科学与技术,是在原子、分子的尺度上认识自然和改造自然,研究物质的特性和相互作用,进行知识和技术创新,并对物质进行加工和制造的科学技术。

纳米技术就像金字塔的基座,是支撑其他领域发展的共性技术(图2-29)。以现代科学技术为基础,是现代科学(混沌物理、量子理论、介观物理、分子生物学、结构化学等)和现代技术(计算机技术、通信技术、微电子技术、生物技术、材料技术、显微技术等)结合的产物,纳米技术与传统学科的结合,将产生一系列新的科学技术,如,纳米电子学、纳米材料学、纳米生物医学、纳米化学、纳米物理学等。甚至纳米技术与艺术的结合,还产生了纳米级显微艺术、纳米级雕塑艺术、宏观仿生艺术等艺术门类。纳米科技的发展主要有以下几个领域:纳米材料与结构、纳米加工与器件、纳米生物医药、纳米检测与表征,以及在信息、生物医药、能源与环境等领域应用。因此,纳米技术被认为是多学科高度交叉的高新科技。

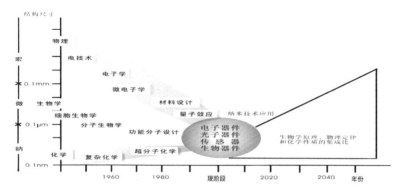

图 2-29 纳米与生物、信息等领域的交叉融合

4. 什么是纳米材料与纳米结构?

纳米结构通常指尺寸在纳米尺度的微小结构,是以纳米尺度的物质单元为基础,按照一定规律构筑的体系。现在芯片等器件更多的是利用纳米结构,而不是材料。其分类方法有很多种,如果按结构有多少维度处在纳米尺度,可分为一维、二维、三维体系;按照结构有多少维度不在纳米尺度,也可分为零维、一维、二维体系。

纳米材料又称为超微颗粒材料,由纳米粒子组成。一般尺寸在0.1nm~100nm的粒子,是处在原子、分子和宏观物体交界的过渡区域,从通常的关于微观和宏观的观点来看,这样的系统既非典型的微观系统,也非典型的宏观系统,是一种典型的介观系统,有很多不同于宏观材料的效应,从这些效应产生的源头看,它可以归结为表面效应、小尺寸效应和宏观量子隧道效应等三大纳米效应。当人们将宏观的物体分解成纳米级颗粒后,将显现出来很多奇异的物理学特性,即光学、热学、声学、电学、磁学、力学以及化学等方面的性质与宏观固体有显著不同。纳米材料(见图2-30)按照有几个维度不在纳米尺度,可以划分为以下几类:一是,包括纳米管、纳米线等一维纳米材料;二是,包括薄膜、涂层、片层等二维纳米材料;三是,包括复合材料、介孔材料等三维纳米材料。

一维纳米材料是指有两个维度在纳米尺度,一个维度不在纳米尺度的材料。如,碳纳米管、银纳米线、铜纳米丝、金纳米棒等。

纳米管(见图2-31)是由一层或多层二维原子卷曲而成的笼状纤维,直径只有几到几十纳米;纳米线、纳米丝是指长度大于1μm,直径为纳米尺度的材料,形状相对细长。

纳米棒(图2-32、图2-33)是指长度小于1μm,直径为纳米尺度的材料,形状相对短粗。

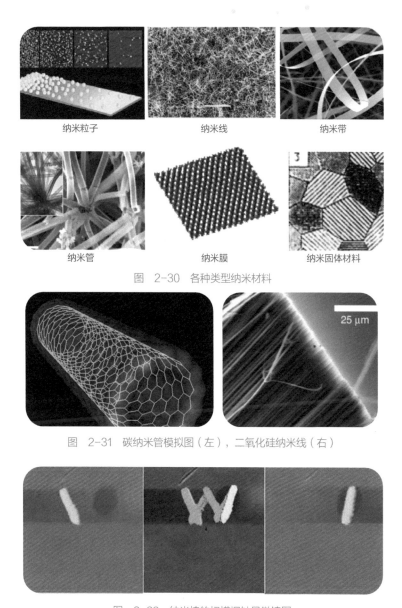

纳米粒子　　　　　　　纳米线　　　　　　　　纳米带

纳米管　　　　　　　　纳米膜　　　　　　　纳米固体材料

图 2-30 各种类型纳米材料

25 μm

图 2-31 碳纳米管模拟图（左），二氧化硅纳米线（右）

图 2-32 纳米棒的扫描探针显微镜图

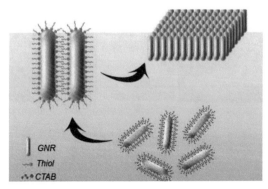

图 2-33 金纳米棒模拟图

碳纳米管（图 2-34）可以看成由单层或多层石墨烯卷曲，两端闭合的笼状同轴圆管，直径为几纳米到几十纳米，层与层之间保持约 0.34nm 的距离，长度最高可达 0.5m 以上。完美的碳纳米管密度（1.34g/cm³）是 A514 钢（7.8g/cm³）的 1/6，而强度却是它的 100 倍以上。这种轻质高强的材料如果添加到防弹衣中，能够有效地降低重量，提高防护的效果。

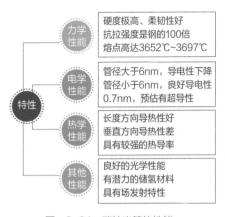

图 2-34 碳纳米管的性能

脑洞
大开

　　人类到太空旅行，通常要以火箭为载体，发射宇宙飞船或航天飞机。如果能够像高层建筑一样使用电梯上下，用缆绳把月球和地球连接起来，建一些太空升降机，每次太空旅行的成本就会降到原来的十分之一，于是人类就有了建造太空升降机的想法。然而"太空天梯"（图 2-35）的最大障碍之一，就是如何制造出一根从地面连向太空卫星、长达 23000 英里（mile）并且足够强韧的缆线，根据理论计算，目前可选的材料只有碳纳米管和石墨烯。于是碳纳米管就具备了最异想天开的用途——制造太空升降机的缆绳，与钢或其他材料不同的关键是它能支撑自身的质量，而其他材料由于自重就会被压垮。为了实现人类的这一梦想，美国宇航局（NASA）此前甚至还发出了 400 万美元的悬赏。

图　2-35　太空天梯示意图

注：1英里（mile）=1.61km。

　　与其他材料相比，碳纳米管具有特殊的机械、电子和化学性能，在传感器、锂离子电池、场发射显示、增强复合材料等领域具有广阔的应用前景。目前，碳纳米管已经可以制作成手机触摸屏、锂离子电池导电浆料、复合材料、冷阴极 X 射线管等工业产品。

　　二维纳米材料是指一个维度在纳米尺度，两个维度不在纳米尺度的材料，如纳米薄膜等。典型的二维纳米材料有石墨烯、黑磷、硅烯、锗烯、二硫化钼等层状二维材料（图 2-36）。

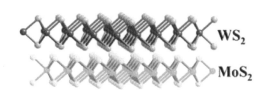
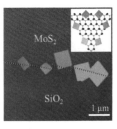

图　2-36　二硫化钼、二硫化钨二维结构示意图及二硫化钼片层

脑洞
大开

　　关于石墨烯（图 2-37），由于可以用激光使其悬浮起来，于是最脑洞大开的想象是建造太阳帆，在地球上用一束高能激光照射到飞船张开的太阳帆上，将飞船瞬间加速到亚光速，为星际穿越做准备。这一想法曾经让宇宙大爆炸学说提出者——美国著名宇宙学家霍金激动不已。

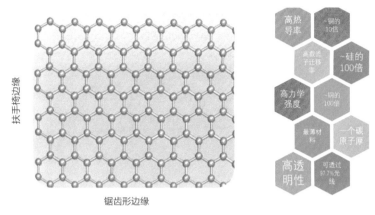

图 2-37　石墨烯结构示意图及其优异性质

　　石墨烯是一种二维碳材料，是单层石墨烯、双层石墨烯和多层石墨烯的统称。最薄的石墨烯由单层碳原子网构成，是人类已知的超薄材料，电子在其中能高速运动，可以达到三百分之一光速，普通物理公式已经无法描述，只能通过狄拉克方程。单层石墨烯具有完美的二维晶体结构，它的晶格是由六个碳原子围成的六边形，厚度为一个碳原子直径，与蜂窝的结构类似。石墨烯的发现，推翻了原来通过理论计算，觉得自然界中不可能存在二维平面材料的结论。并且打开了平面二维材料的大门，从此以后，其他平面二维材料陆续被发现。

脑洞
大开

　　多环芳烃的结构与石墨烯很相像，都是平面二维结构，还有碳构成的六元环。是否能用多环芳烃制备石墨烯呢？答案是肯定的，科学家利用多环芳烃，在催化剂的帮助下，实现了对多环芳烃的拼接，制备出石墨烯。

　　三维纳米材料是指三个维度都在纳米尺度的材料。如，富勒烯（图 2-38～图 2-40）、量子点等。富勒烯形状像一只镂空的足球。

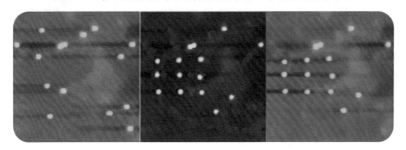

图 2-38　富勒烯的扫描探针显微镜图

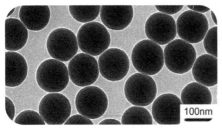

图 2-39　球形纳米颗粒的透射电镜图

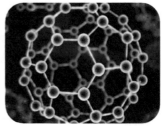

图 2-40　富勒烯示意图

脑洞大开

　　如果我们把碳纳米管"剪开"并铺平，就会得到石墨烯；如果把石墨烯卷起来，把两边"缝"起来，封闭两端，就得到碳纳米管；如果把富勒烯"剪开"并铺平，也可以得到石墨烯；如果把富勒烯"拉长"，就会得到碳纳米管；如果把碳纳米管从中间"剪短"，只保留头部，就会得到富勒烯。对于石墨烯来说，它的结构与稠环芳烃很像，将多个稠环芳烃拼接起来，也可以得到石墨烯。现在我们发现，在合适的条件下，这几种碳纳米材料可以相互转换。那么其他碳材料呢？

石墨烯（图2-41）作为基本单元，卷曲成富勒烯、碳纳米管，组成石墨。

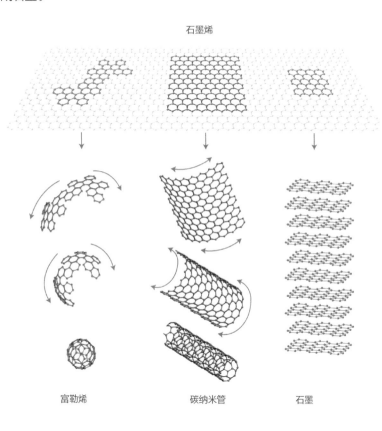

图 2-41　由石墨烯到富勒烯、碳纳米管和石墨示意图

5. 什么是纳米材料效应?

纳米材料有很多优异性质,科学家们将这些独特的性质归纳为三大类(图2-42):比表面效应、小尺寸效应和宏观量子隧道效应。

图 2-42 三大纳米效应

知识点

区别真假纳米技术的关键在于两点:第一点,是否有维度信息,即材料是否有纳米结构或者是否在纳米尺度的;第二点,是否具有纳米效应,纳米材料与宏观材料有很多迥异的性能——奇异或反常的物理、化学特性。

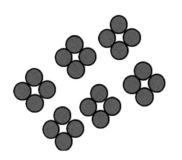

图 2-43 比表面积示意图

对于小颗粒来说，大量的表面裸露在外面，对于大颗粒而言，大量的表面被包裹起来。同样质量的材料，颗粒度越小，比表面积越大。对直径大于 0.1μm 的颗粒表面效应可忽略不计，当尺寸小于 0.1μm 时，其表面原子百分数激剧增长，这时的表面效应将不容忽略。因此，颗粒小到纳米尺度以后，比表面积（图2-43）就会急剧增大。例如，1g 5nm 的氧化铝，体积只能占到一个安瓿瓶的底，但比表面积可以达到一个篮球场大小。对于石墨烯材料来说，它的比表面积可以达到 $2000m^2$ 以上。

比表面积是指单位质量物质所具有的总表面积，国际单位是 m^2/g。表面积分外表面积和内表面积两类。球形颗粒的表面积与直径的平方成正比，其体积与直径的立方成正比，故其比表面积（表面积 / 体积）与直径成反比。理想的非孔性物料只具有外表面积，如硅酸盐水泥、一些黏土矿物粉粒、人造无孔纳米材料等；有孔和多孔物料具有外表面积和内表面积，如石棉纤维、岩（矿）棉、硅藻土、人造多孔纳米材料等，生活中最典型的例子是海绵，它具有丰富的内部结构，可以吸附大量的水等液体物质。

◎ 比表面效应

纳米材料尺寸小，比表面积大，表面原子占比大。随着粒子直径的减小，表面原子所占的数量迅速增大。例如，原子直径为 0.1nm，粒子直径为 10nm 时，内部含有 4000 个原子，表面原子占 40%；粒子直径为 1nm 时，内部含有 30 个原子，表面原子占 99%。如此高的比表面积会出现一些极为奇特的现象，如，重金属纳米颗粒在空气中会剧烈燃烧，无机纳米颗粒吸附气体或液体中离子的能力很强等。如，要防止自燃，可采用分子表面修饰或想办法控制氧化速率。分子表面修饰是采用能够与金属纳米颗粒结合的分子，在金属纳米颗粒外形成包裹层，使其被保护起来，这也是其他纳米材料为了防止团聚经常采用的方法；控制氧化是使金属纳米颗粒表面缓慢氧化生成一层极薄而致密的氧化层，确保表面性质稳定。

◎ 小尺寸效应

由于颗粒尺寸小（图2-44）而产生的效应。当纳米材料尺寸与光波波长、超导态相干长度等特征尺寸相当或者更小时，周期性边界被破坏，表现在光、电、磁、热等方面有别于常规尺度物质的性质。由于表面原子周围缺少相邻的原子，造成许多不饱和性悬空键的存在，它们很容易与其他原子相结合（即发生化学反应）而稳定下来，因此，表现出很高的化学活性。随着粒径的减小，纳米材料的比表面积、表面能及表面结合能都迅速增大。

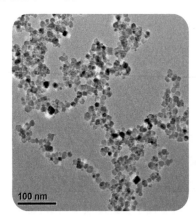 

图 2-44 纳米氧化铝电镜及实物图

◆ 特殊的光学性质

传统理论认为物质的颜色是不变的，但深入纳米尺度以后，颠覆了这一概念。例如，同样物质组成的材料，随着粒径的不同，可以激发出不同颜色（图2-45），乃至赤、橙、黄、绿、青、蓝、紫全光谱的颜色；

纳米金（图2-46）也是如此，在纳米尺度下，也不再是金光闪闪的颜色了，失去了原有的富贵光泽，当小于某一尺寸后，最终会变成黑色，并且尺寸越小，颜色愈黑。由此可见，金属超微颗粒对光的反射率很低，大约几微米的厚度就能完全消光。

图 2-45 不同尺寸量子点
　　　激发出的颜色

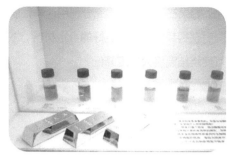

图 2-46 块体金的颜色及纳米金
　　　随粒径变化图

知识点

　　量子点是准零维的纳米半导体材料，严格意义上来说，量子点不是点。粗略地说，量子点三个维度的尺寸都在100nm以下，一般为球形或类球形，其直径常在2nm~20nm。外观恰似一个极小的点状物，其内部电子在各方向上的运动都受到局限，所以量子限域效应特别显著。常见的量子点由IV、II-VI，IV-VI或III-V元素组成，例如，碳、硅、锗、硫化镉、硒化镉、碲化镉、硒化锌、硫化铅、硒化铅、磷化铟和砷化铟等量子点。

◆ 可变化的熔点

在我们中学物理概念中，物质的熔点是不变的，但物质粒径深入纳米尺度以后，再次颠覆了这一概念。对于金属材料来说，熔点会随着粒径减小而降低。例如，块体金的熔点（图2-47）是1064℃，但是尺寸2nm金的熔点会降低到327℃；尺寸5nm银甚至在家里用沸水就能融化。如果在冶金的时候充分利用这一性质，那钢铁业的能耗将显著降低，同时获得韧性和强度更好的合金材料。对于3D打印来说，更是带来福音，可使烧结温度大幅度降低。

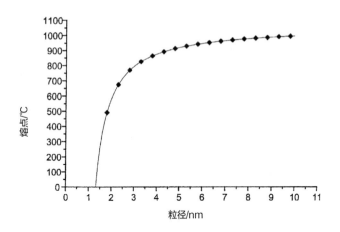

图 2-47 金的熔点随粒径变化图

◆ 特殊的磁性

尺寸 20nm 以下的四氧化三铁会具有超顺磁性（图 2-48）。从磁矫顽力的定义来说，就太复杂了。通俗地说，就是原本不表现出磁性，但放到磁场中后能立即感应生出磁性，吸附在器壁上；当把外界磁场撤离时，磁性立刻消失，回复到紊乱状态，不表现出任何磁性。人们已利用超顺磁性将磁性纳米颗粒制成用途广泛的磁性液体。

图 2-48 超顺磁性实验

超微颗粒的小尺寸效应还表现在力学特性、超导电性、介电性能、声学特性以及化学性能等方面。

◎ 宏观量子隧道效应

宏观量子隧道效应是基本的量子现象之一，即当微观粒子的总能量小于势垒高度时，该粒子仍能穿越这一势垒。就好像崂山道士的穿墙术，本来不可能穿越的屏障，可以通过特殊的方式穿越。像突然打开了一个隧道，获得了穿越。人们发现一些宏观物理量，如，微颗粒的磁化强度、量子相干器件中的磁通量等亦显示出隧道效应，称之为宏观的量子隧道效应。当电场能、热能或者磁场能比平均的能级间距还小时，就会呈现一系列与宏观物体截然不同的反常特性，称之为量子尺寸效应。量子尺寸效应、宏观量子隧道效应确立了现存微电子器件进一步微型化的极限，也为基于这些效应开发新一代包括电子、光电子在内的器件奠定了基础。

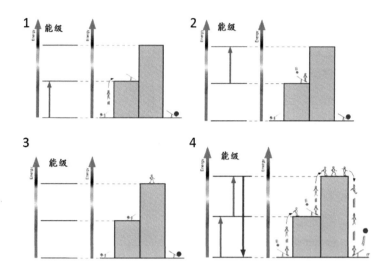

图 2-49 能级穿越示意图

知识点

　　图中小人（图2-49），只能跳上一个小台阶，如果让他直接跳大台阶，他跳不上去，只能依靠梯子，中间增加的小台阶，才能跳到最高处，到大台阶的背面去。隧道效应就好比大台阶，理论上是跳不过去的，但是实际上不借助小台阶，也可以在大台阶背面发现小人的身影，好像中间突然间出现了时空隧道，实现了穿越。

第**3**章
"纳米" 时光机

导语：纳米科技的发展大约经历了三个阶段，从费曼教授构想纳米世界的蓝图，到提出纳米概念，开展零星的研究，是为萌芽阶段；扫描隧道显微镜等工具的发明，使纳米科技进入蓬勃发展阶段；2000年以后，随着诸多国家和地区的纳米技术规划发布，纳米科技进入全面成熟阶段，掀起了纳米科技产业化浪潮。在此过程中，催生了多位从事纳米科技的诺贝尔奖获得者。

1. 奇妙的微观世界

自从 20 世纪 80 年代以来，纳米技术逐渐成为世界科技颠覆性的源泉，不断产生新的前沿黑科技。鉴于其中蕴含的巨大潜力，世界上 60 多个国家和地区制定了相关发展战略，并投入巨资以期抢占未来科技、经济和军事的制高点。

中国在纳米科技领域的发展与世界同步，是世界上最早发展纳米科技的国家之一。随着一系列纳米科技研究工作的开展，我国在国际上取得了令世界瞩目的成就，部分领域甚至走在了世界的最前沿，整体来说，我们正在向纳米科技强国迈进。

纳米技术就是要深入到纳米尺度观察和操纵原子、分子（图3-1），这就不得不借助于像扫描隧道显微镜、光学刻蚀机等工具的纳米科技"手"和"眼"。扫描隧道显微镜（图3-3）也叫"扫描穿隧式显微镜"、"隧道扫描显微镜"，是一种利用量子理论中的隧道效应来探测物质表面结构的仪器。扫描隧道显微镜的英文名称为 scanning tunneling microscope，缩写为 STM。

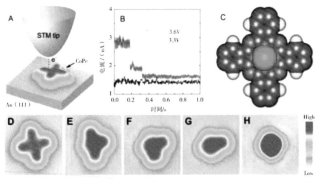

A—用扫描隧道显微镜对分子实施手术示意图；　　B—"手术"中电流监控；
C—"手术"后分子模型示意图；　　D到H—单个酞钴菁分子脱氢过程的STM图像

图　3-1　酞菁钴的分子手术

画外音

"工欲善其事，必先利其器"。就像挖金矿必须有铁锹一样，纳米科技也是如此。在扫描探针显微镜被发明以前，纳米科技发展极其缓慢，但在它被发明以后，为人类打开了微观世界的大门，使人类既可以看到分子、原子，也可以通过工具对这些分子、原子进行重新排列组合，纳米科技发展进入快车道，突飞猛进，日新月异。这一切可以在纳米科技发展史上得到证明。

　　自从有人类文明以来，人类就一直为探索微观世界的奥秘而不懈地努力。1665 年，英国人胡克利用自己发明的光学显微镜（图 3-2）在人类历史上第一次成功观察到细胞。1931 年，德国科学家恩斯特·鲁斯卡利用电子在磁场中会因带电而偏移的现象（使得通过镜头的电子能够像光线一样被聚焦），成功发明了电子显微镜。在当时，电子显微镜的优势在于放大倍数可以提高到上万倍，比光学显微镜的分辨率大幅度提高。在比光学显微镜具有更高分辨率的电子显微镜的帮助下，病毒也显出了原形，人类的视觉也得到了进一步的延伸，进入纳米尺度。1981 年，德裔物理学家比尼格和他的导师罗雷尔在 IBM 公司瑞士苏黎世的实验室研制成功世界第一台具有原子分辨率的扫描隧道显微镜。将分辨率提高到几十万倍，具备了分辨原子、分子的能力，使人类拥有了改造微观世界的"手"和"眼"，从而开启了人类研究微观世界的新纪元。

图 3-2 光学显微镜　　　　　图 3-3 扫描隧道显微镜

前沿进展

随着扫描隧道显微镜的发明，使人类的视野深入到纳米尺度，能看到原子和分子构成的物质微观图像，甚至比原子和分子更小的氢键图像（图3-4）。原本氢键只是存在于理论计算或者想象当中，任何人都没有在实空间中看到过它的庐山真面目，但利用改造过的原子力显微镜，使人类第一次揭开了它神秘的面纱。

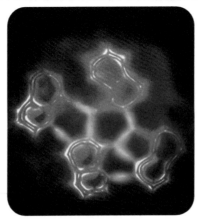

图 3-4 绿色是氢键（伪彩）

2. 纳米起源

提起纳米科技，就不得不提起费曼（图3-5）这个著名的美国教授，是他点燃了发展纳米科技之火。早在1959年12月29日，美国的费曼教授在物理学年会上发表了"底部的空间还有很大"的主题演讲，预言未来人类有可能将分子，甚至单个原子作为建筑构件，在纳米尺度制造物质。

图 3-5 费曼教授

　　纳米的概念最早来源于 1986 年美国的一个科幻作家写的一本名叫《创新的发动机》的科幻小说，文中特别提到了将来的纳米机器人可能起到的重要作用——自我复制，忘情工作。

　　在历史上，真正把纳米科学作为一门学科进行研究，应该是一个叫久保亮五的日本科学家，1962 年，他最早在纳米尺度对金属的一个小粒子进行了理论的计算，计算结果表明，金属纳米粒子的性能不同于金属原子，也不同于宏观金属，是一个中间状态，并具有一些特殊的性能，在此基础上，他提出了久保理论。后来日本的另外一个科学家上田良二，在实验室用蒸发法制备出粉体，但是他没有把它叫作纳米粒子，而是叫作超微粒子。

　　真正把纳米这个概念引入材料领域的是德国科学家格莱特教授，他当时制备出由尺寸为 5nm 金属粒子组成的块体材料，发现这种材料的性能与宏观材料有显著不同，如强度、硬度明显变大。如果把这种性能引入到陶瓷领域，有可能解决陶瓷的脆性问题，因为众所周知，陶瓷是非常脆弱的，结构很容易破坏，所以英国科学家考科汉在 20 世纪 80 年代就预见到纳米材料的出现很可能为人类奋斗了一个世纪的陶瓷增韧问题找到新的解决方案。

画外音　　费曼教授与施温格（Julian Schwinger）、朝永振一郎一同获得诺贝尔物理奖，并不是因为他提出了纳米的概念，而是他在量子电动力学方面的贡献。当然他还对物理学有很多其他方面的贡献，如，著名的费曼讲义，堪称物理学的经典。除此之外，他还是一位造诣颇深的艺术家，一款名为费曼小鼓，被他打得出神入化，创作的素描也堪称大师级杰作。

实际上，纳米材料一直存在我们身边，只不过没有意识到。在中国古代，我们早已在不自觉地应用纳米材料，如，文房四宝中的墨，特别是徽墨，其基本原料是锅底灰，又名烟——松木不完全燃烧的产物，做墨的话，灰越细越好。古代出土的铜镜，表面有一层纳米氧化锡晶粒构成的保护层，经历千年的风霜，仍可光彩照人。荷叶、珊瑚礁、贝壳、牙齿等自然界中的物质都存在天然纳米结构。

早在古罗马时期，人们就观察到掺杂金属纳米颗粒的玻璃杯（Lycurgus 杯）在不同光照下的颜色不同，在白天当光线照射下，酒杯的颜色呈现绿色，到了晚上当周围无亮光时，以白色灯光由酒杯内向外透射，则呈现洋红色。经过仔细地化学分析，发现这种酒杯的成分中含有金、银（比例约为 3∶7），其直径大约为 70 nm。因为玻璃中的金属纳米粒子对绿光有很强的散射，所以这只罗马酒杯能反射绿光（呈绿色），见图 3-6~ 图 3-8。

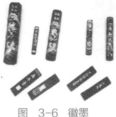

图 3-6 徽墨

图 3-7 古代铜镜

图 3-8 古罗马时期
（约1600年前）的莱克格斯杯

它由双色玻璃制成，当光线从高脚杯前方照射时，杯子呈现绿色；当光线从后方照入时，呈现红色。科学家研究发现，杯子在制备过程中使用了现代纳米工艺。杯子的玻璃中有金和银的纳米颗粒，入射光与金属纳米颗粒的相互作用，引起纳米颗粒中电荷的振动，可以改变玻璃杯的颜色。

画
外
音

　　事物有很多面，关键要从不同的角度去观察。墨除了是书写工具以外，在中国古代，墨还是中医治疗腹泻的良药。但现在的墨由于添加了一些有毒的有机物，已经不能做药了。替代墨做药的是蒙脱石散，是一种叫作思密达的药物。

3. 纳米科技发展里程碑

　　图 3-9 展示了纳米科技发展的里程碑。

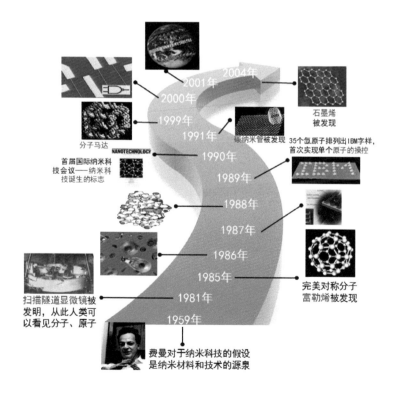

图 3-9 纳米科技发展的里程碑

1856 年，迈克尔·法拉第（Michael Faraday）发现制备的金溶胶中颗粒的大小不同，就会呈现出不同颜色的丁达尔散射（图 3-10）。

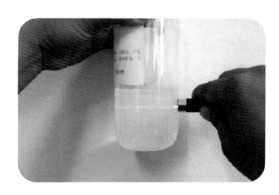

图　3-10　红色激光通过纳米二氧化钛时出现的丁达尔现象

知识点　当一束光线透过胶体，从入射光方向可以观察到胶体里出现的一条光亮的"通路"，这种现象叫丁达尔现象，也叫丁达尔效应（Tyndall effect）或者丁铎尔现象、丁泽尔效应、廷得耳效应。

1917 年，欧文·朗缪尔（Irving Langmuir）首次提出单分子薄膜概念。

知识点　单分子薄膜是厚度只有一个分子厚的薄膜。单分子薄膜基于如下原理：许多有机溶剂都能在水面上铺展，因此可以将极性有机物溶于这类溶剂中，使浓度尽可能低，然后滴加到水面上，待溶剂挥发之后，表面上形成一层有机物的膜。

1928年，爱德华·哈钦森·辛格（Edward Hutchinson Synge）提出以近场扫描光学显微镜获得超越衍射极限图像的概念。

1931年，恩斯特·鲁斯卡（Emst Ruska）和马克斯·克诺尔（Max Knoll）展示了第一台电子显微镜（图3-11）。

1935年，欧文·朗缪尔（Irving Langmuir）和凯瑟琳·布洛杰特（Katharine Blodgett）发明了制备单层分子薄膜的技术。

1946年，齐斯曼（Zisman）、比奇洛（Bigelow）和皮克特（Pickett）实现了单分子在表面上的有序自组装（图3-12）。

图 3-11 第一台电子显微镜

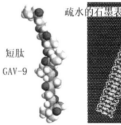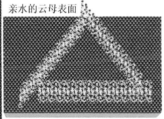

疏水的石墨表面　　　亲水的云母表面

短肽 GAV-9

图 3-12 短肽的自组装

知识点

在近场光学显微镜中，采用孔径远小于光波长的探针代替光学镜头。当把这样的亚波长探针放置在距离物体表面一个波长以内，即近场区域时，通过探测束缚在物体表面的非辐射场，可以探测到丰富的亚微米光学信息。

> **知识点**
>
> 自组装（self-assembly），是指基本结构单元（原子、分子、纳米材料、微米或更大尺度的物质）自发形成有序结构的一种技术。在自组装的过程中，基本结构单元在基于非共价键的相互作用下自发地组织或聚集为一个稳定、具有一定规则几何外观的结构。

1959 年，费曼教授（Feynman）点燃了纳米科技之火。

1962 年，久保亮五提出久保理论。

> **知识点**
>
> 久保理论是关于金属粒子电子性质的理论。久保对小颗粒的大集合体的电子能态做了两点主要假设：（1）简并费米液体假设：把超微粒子靠近费米面附近的电子状态看作是受尺寸限制的简并电子气，假设它们的能级为准粒子态的不连续能级，比较好地解释了低温下超微粒子的物理性能；（2）超微粒子电中性假设：对于一个超微粒子取走或放入一个电子都是十分困难的，1nm 的小颗粒在低温下量子尺寸效应很明显。

1963 年，格莱特教授及其合作者用气体冷凝法获得超微粒子。

1969 年，约翰·亚瑟（John Arthur Jr）和艾伯特·町（Albert Cho）发明了用于制备高质量单晶薄膜的分子束外延技术（MBE）。

分子束外延（MBE）是新发展起来的外延制膜方法，也是一种特殊的真空镀膜工艺。外延是一种制备单晶薄膜的新技术，它是在适当的衬底与合适的条件下，沿衬底材料晶轴方向逐层生长薄膜的方法。该技术的优点是：使用的衬底温度低，膜层生长速率慢，束流强度易于精确控制，膜层组分和掺杂浓度可随源的变化而迅速调整。用这种技术已能制备薄到几十个原子层的单晶薄膜，以及交替生长不同组分、不同掺杂的薄膜而形成的超薄层量子显微结构材料。

1970 年，江琦和朱兆祥提出了半导体超晶格的概念。

半导体超晶格是指由一组多层薄膜周期重复排列而成的单晶。多层薄膜中各层厚度从几个到几十个原子层范围。各层的主要半导体性质如，带隙和掺杂水平可以独立地控制。多层薄膜的周期可以在生长时人为控制，因而得到了人造的晶体结构即超晶格。多层薄膜中各层的组分变化的超晶格称为组分调制超晶格；各层掺杂原子种类发生变化的超晶格称掺杂调制超晶格。

1972 年，阿什（Ash）和尼科尔斯（Nicholls）两人使用 3cm 波长的微波辐射研制出世界上第一个近场高分辨率扫描显微镜，达到了 150μm 的分辨率（是所使用波长的二百分之一）。

1974 年，唐尼古奇最早使用纳米技术一词描述精密机械加工；马丁·弗莱施曼（Martin Fleischmann）、帕特里克·亨德拉（Patrick Hendra）和詹姆斯·麦克兰（James McQuillan）发现了拉曼散射的异常增强，随后理查德·范·杜因（Richard van Duyne）和艾伦·克赖顿（Alan Creighton）将这种现象解释为纳米级金属结构形成的场增强所造成的；马克·拉特纳（Mark Ratner）和艾利耶·维瑞姆（Arieh Aviram）提出分子二极管的想法。

1976年，图奥莫·松托拉（Tuomo Suntola）发明原子层外延薄膜制备技术。

> **知识点**
>
> 原子层外延法是将参与反应的原子蒸气或化合物蒸气依次分别导入生长室，使其交替在衬底表面淀积成膜（Atomic layer epitaxy，ALE），又被称为"数字外延"，ALE是以单原子层为单位进行的外延生长。它有较高的重复性，可以由循环次数精确地知道生长厚度。

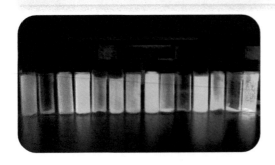

图 3-13 OLED材料

1979年，美籍华裔教授邓青云（Ching W. Tang）发明有机发光二极管（organic light-emitting diode, OLED）（图3-13）。

> **知识点**
>
> 有机发光二极管又称为有机电激光显示、有机发光半导体。OLED显示技术具有自发光、广视角、几乎无穷高的对比度、较低耗电、极高反应速度等优点。但是，作为高端显示屏，目前价格上也会比液晶电视要贵。

1980 年，阿列克谢·叶基莫夫（Alexei Ekimov）和亚力山大·埃弗罗斯（Alexander Efros）报道了纳米晶体量子点的存在及其光学特性。

1981 年，德国科学家比尼格和罗雷尔发明高分辨扫描隧道显微镜，STM 使人类第一次能够实时地观察单个原子在物质表面的排列状态和与表面电子行为有关的物化性质，在表面科学、材料科学、生命科学等领域的研究中有着重大的意义和广泛的应用前景，被国际科学界公认为 20 世纪 80 年代世界十大科技成就之一；日本启动了世界第一个以超微粒子为研究对象的五年计划。

1982 年，纳德里安·西曼（Nadrian Seeman）提出 DNA 纳米技术的概念；中国科学院合肥固体物理研究所创建，开展纳米技术前沿研究。

1983 年，路易斯·布鲁斯福（Louis Brusf）报道了胶体半导体量子点的合成。

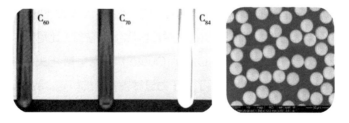

图 3-14 甲苯中的富勒烯及其电镜照片

1985 年，英国化学家哈罗德·沃特尔·克罗托博士和美国赖斯大学的科学家理查德·斯莫利、海斯、欧布莱恩和科乐发现富勒烯；日本正式立项"纳米结构研究工程"项目（图 3-14）。

画外音

谈起富勒烯，不得不谈到几位与诺奖失之交臂的人。光说不练型：1971年，大泽映二发表《芳香性》一书，其中描述了 C_{60} 分子的设想，但没有把想法付诸实践；熟视无睹型：1980年，饭岛澄男在分析碳膜的透射电子显微镜图时发现同心圆结构，就像切开的洋葱，这是 C_{60} 的第一个电子显微镜图，但他不认为发现了新材料；擦肩而过型：1984年，富勒烯的第一个光谱证据是在1984年由美国新泽西州的艾克森实验室的罗芬等人发现的，但是他们不认为这是 C_{60} 等团簇产生的。富勒烯结构的发现，还是一个科技与艺术结合的典范，斯莫利等人在研究富勒烯结构时曾经一筹莫展，后来受到建筑学家富勒以球棍建造的世界博览会美国馆的外形启发，确定了富勒烯的分子结构，为了纪念富勒的贡献，该分子被命名为富勒烯。

1986年德国科学家比尼格（Binnig）和罗雷尔（Rohrer）（图3-15）由于发明了扫描隧道显微技术，使显微技术发生了根本性飞跃——获得原子级分辨率图像，因而获得诺贝尔物理学奖；格尔德·比尼格（Gerd Binnig）、卡尔文·夸特（Calvin Quate）和克里斯托夫·格贝尔（Christoph Gerber）发明了原子力显微镜，分辨率高、制样简单、样品损伤小、三维成像、多种环境下操作。

1987年，我国立项关于纳米材料的国家重大基础研究计划项目。

1988年，费尔和格林贝格尔各自独立发现了巨磁阻效应：非常弱小的磁性变化就能导致磁性材料发生非常显著的电阻变化。

1989年，美国斯坦福大学搬运原子团写下了"斯坦福大学"的名字；日本名古屋大学教授赤崎勇、天野浩共同发明了蓝色发光二极管；中国科学家白春礼等研制出中国第一台STM。

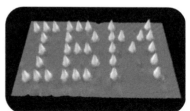

图 3-15 比尼格（左）和罗雷尔（右）　　　图 3-16 35个氙原子拼出的
一同发明了扫描隧道显微技术　　　　　　　 "IBM" 字样

　　1990 年，美国举办了第一届纳米科技大会，正式创办了《纳米技术》杂志，标志着纳米科技正式确立；美国国际商用机器公司（IBM）在镍表面用 35 个氙原子排列出 "IBM" 字样（图 3-16），开了单个原子的操控的先河，该图片获得 1990 年最佳科技成果排名第三；理查德·亨德森（Richard Henderson）成功利用一台电子显微镜生成了一种蛋白质的 3D 图像，图像分辨率达到原子水平，这次突破奠定了冷冻电子显微技术发展的基础。

知识点

　　由于快速冷冻和低温冷却技术的引进，导致了冷冻电子显微学技术的诞生。冷冻电镜技术的出现，研究人员无需将大分子样品制成晶体，通过对运动中的生物分子进行冷冻，即可在原子层面进行高分辨成像。生物样品嵌在无定形冰中，堪称留下了真实的一瞬间，解决了数十年来基因表达领域面临的难题，即认识健康细胞内剪切与多聚腺苷酸化特异因子（CPF）的结构和功能，以及其如何折叠组装。

1856 年 ~1990 年，纳米材料和技术取得了令人瞩目的进展（图 3-17）。

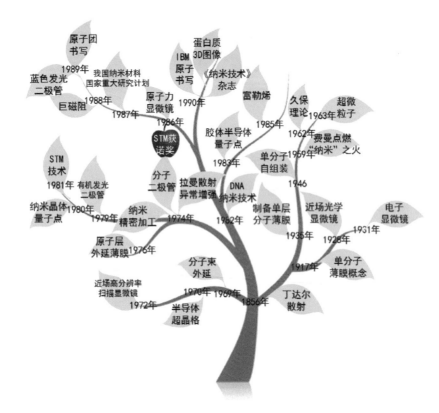

图 3-17 纳米材料和技术相关重要进展汇总（1856年~1990年）

1991 年，日本 NEC 公司饭岛澄男博士首次发现了直径为 10nm 的碳纳米管，引起世界轰动；布赖恩·奥里甘（Brian O'Regan）和迈克尔（Michael Grätzel）发明染料敏化太阳能电池；彼得·阿什顿（Peter R. Ashton）和弗雷泽·斯托达（J. Fraser Stoddar）等发明分子梭。

分子梭（molecular shuttle）作为分子机器的一种主要类型，实际上是一个轮烷（rotaxane）结构体系，由一个环状分子和一个线型分子组成，线型分子贯穿环状分子的内腔，并且线型分子的两端连有大的阻挡基团，可以防止环状分子脱离线型分子。

染料敏化太阳能电池主要是模仿自然界中植物利用太阳能进行光合作用，将太阳能转化为电能。染料敏化太阳能电池是以低成本的纳米二氧化钛和光敏染料为主要原料。

1992 年，日本大阪大学用隧道扫描显微镜拍摄到 DNA 的双链结构，为纳米技术与生物技术的结合做出了开拓性贡献；查尔斯·克雷斯吉（Charles Kresge）发明了介孔分子筛材料 MCM-41 和 MCM-48。

介孔分子筛材料是一种人工合成的具有筛选分子作用的水合硅铝酸盐（泡沸石）或天然沸石。其化学通式为（M′ 2M）O·Al_2O_3·$xSiO_2$·yH_2O，M′、M 分别为一价、二价阳离子如 K^+、Na^+ 和 Ca^{2+}、Ba^{2+} 等。它在结构上有许多孔径均匀的孔道和排列整齐的孔穴，不同孔径的分子筛把不同大小和形状分子分开。

1993 年，美国科学家在铜表面上移动 48 个铁原子，组成一个圆环，围成一个纳米尺度围栏（图 3-18），最近的铁原子之间的距离仅为 0.9nm；日本日亚化学的中村修二（Shuji Nakamura）发明了基于宽禁带半导体材料氮化镓（GaN）和铟氮化镓（InGaN）的具有商业应用价值的高效蓝光 LED，解决了 LED 白光照明中的关键技术难题，使这类 LED 在 20 世纪 90 年代后期得到广泛应用；中国科学院北京真空物理实验室操纵原子写出了"中国"二字（图 3-19）。

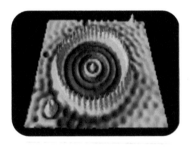

图　3-18　铁原子围栏

图　3-19　石墨表面上拼出的"中国"字样

知识点

宽禁带半导体材料（禁带能级宽度大于或等于 2.3eV）被称为第三代半导体材料。主要包括金刚石、碳化硅、氮化镓等。和第一代（硅）、第二代半导体（砷化镓）材料相比，第三代半导体材料具有禁带宽度大，电子漂移饱和速度高、介电常数小、导电性能好的特点，其本身具有的优越性质及其在微波功率器件领域应用中潜在的巨大前景，非常适用于制作抗辐射、高频、大功率和高密度集成的电子器件（图 3-20）。

图 3-20 磁盘技术实物图

画外音

像绘画配色一样，如果要产生白色，需要红、黄、蓝三原色的配合，白光照明也是这样。很久时间以前，红光和黄光的高效发光二极管就能够被制造，但是高效蓝光二极管制造一直是困扰白光应用的问题。当时大多数研究者选择了氧化锌跟硒化锌作为发光材料，但是却没有大的进展。中村修二却另辟蹊径，采用氮化镓作为解决方案，但是他一直得不到经费支持，因此他就挪用其他项目的经费用于该项研究，终于获得突破。这个故事给我们揭示一个现象，当在学术研究上与主流思想不一致时，如果你认为是对的情况下，是否还会坚持下去，不随大流，结果也许意味着有重大突破。

时光隧道 / 机械硬盘发展史

1956 年，IBM 发明了世界上第一个磁盘存储系统 IBM 350 RAMAC，拥有 50 个 24 英寸（in）的盘片，容量 5MB，重量约 1t。

1973 年，IBM 研制成功了一种新型的硬盘 IBM 3340，拥有两个 30MB 的存储单元，并称之为"温彻斯特硬盘"。

1979 年 IBM 发明了薄膜磁头技术，这项技术能显著减少磁头和磁片的距离，增加数据密度。基于此推出了第一款采用薄膜磁头技术的硬盘 IBM 3370，最初能存储 571MB 的数据。

1980 年，IBM 推出了真正的第一款 GB 级容量硬盘是 IBM 3380，容量达 2.5GB，重量超过 500 磅。希捷制造出了个人电脑上的第一块 5.25in 的温彻斯特硬盘 ST-506，体积与当时的软驱相仿，容量 5MB。

1983 年，诞生了第一款 3.5in 硬盘。

1988 年，诞生了第一款 2.5in 硬盘。巨磁阻效应分别被费尔和格林贝格尔发现。

20 世纪 80 年代末，IBM 公司推出 MR(Magneto Resistive 磁阻) 技术，这种新型磁头采取磁感应写入、磁阻读取的方式，令磁头灵敏度和存储密度大幅度提升。

1991 年，IBM 应用磁阻技术 MR（Magneto Resistive）推出首款 3.5in 的 1GB 硬盘 0663-E12。

1992 年，更加 MINI 的 1.8in 硬盘诞生了。

1994 年，IBM 公司研制成功了巨磁阻效应的读出磁头，将磁盘记录密度提高了 17 倍。

1995 年，IBM 公司宣布制成 3 GB/in^2 硬盘面密度所用的读出头，创下了世界记录。硬盘的容量从 4 GB 提升到了 600 GB 或更高。

1997 年，划时代技术"GMR 巨磁阻效应磁头"诞生，IBM 公司推出第一个商业化生产的数据读取探头。

1999 年, 容量达到 10GB 的 ATA 硬盘上市。

2000 年, 硬盘领域又有新突破, 第一款 "玻璃硬盘" 问世。

2005 年, 日立推出 1in 8GB 微硬盘。

2007 年, 日立将硬盘的容量提升到了 1TB, 但在核心技术上与当年相比并没有本质的变化。5 月, 日本东芝和日本东北大学的研究人员公布了一项新的研究成果, 利用他们新创造的纳米磁电阻磁头, 可以将硬盘的存储密度提高到 $178.8GB/in^2$; 10 月, 西部数据公司宣布使用垂直记录 (PMR) 和隧道磁阻 (TuMR) 磁头技术, 达到了 520 GB/in^2 的存储密度。

2008 年 1 月西部数据公司宣布, 开始批量出货单碟 320GB 的 WD Caviar 鱼子酱台式机硬盘。该硬盘的存储密度为 $250GB/in^2$。

2009 年 2 月, 西部数据公司宣布, 开始批量出货 Caviar Green 2 TB 硬盘, 单碟 500GB。

2010 年 12 月, 日立环球存储科技公司宣布推出 3TB 商品化硬盘。

2013 年 12 月, 日立环球存储科技公司宣布推出 6TB 商品化硬盘, 采用垂直式磁记录技术。

2014 年 12 月, 希捷公司推出 8TB 商品化硬盘, 采用与日立环球存储科技公司不同的叠瓦式磁记录技术, 存储密度达到 $848GB/in^2$。

2016 年 8 月, 西部数据公司发布 10TB 商品化硬盘。

2017 年 2 月, 希捷公司宣布在 2018 年左右, 正式量产总容量高达 16TB 的机械硬盘, 并且采用下一代 HAMR 热辅助磁记录技术。

2017 年 4 月, 西部数据宣布开始出货其 12TB 容量的第四代 HelioSeal 充氦技术硬盘 HGST UltraStar He12。

2018 年 8 月, 希捷推出 14TB 硬盘, 单碟容量 1.75T。

值得一提的是, 这只是我们在机械硬盘领域看到的商业化的进展,固态硬盘（SSD）也许给了我们更多的惊喜。2015 年 8 月，三星在美国加州召开的 Flash Memory Summit 国际闪存技术峰会上，发布了容量高达 16TB 的 2.5in 固态硬盘产品，采用了自家的 3D V-NAND 闪存技术攻克了 NAND 架构的密度限制，使用专用的垂直单元结构，通过柱状单元结构可以垂直堆叠更多个单元层，创造出更高密度的固态硬盘；2016 年 8 月，在美国加州召开的 Flash Memory Summit 国际闪存技术峰会上，三星发布了 2.5in 规格最大 32TB 的 SSD，希捷发布了 3.5in 最大 64TB 的 SSD。此外，华为在峰会上也秀了一把自家的 32TB SSD，所以从绝对容量上讲，也不落后。

图 3-21 3D NAND存储芯片

知识点

3D NAND（多层数存储）是一种新兴的闪存类型，通过把内存颗粒堆叠在一起来解决 2D 或者平面 NAND 闪存带来的限制。目前 64 层 3D NAND 已经问世，如，东芝 TR200，三星 860PRO（V-NAND）采用的就是 64 层闪存颗粒。

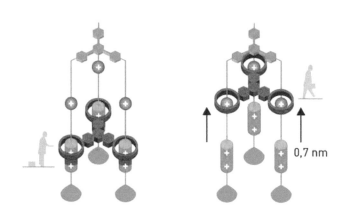

图 3-22 分子电梯示意图

1994 年，IBM 公司研制成基于巨磁电阻效应的读出磁头，将磁盘记录密度提高了 17 倍，达到 5GB /in^2，从而使硬盘在与光盘的竞争中夺回领先地位；让·皮埃尔·索瓦的研究组成功合成出一种索烃，其中的一个分子环是可以受控方式旋转的，这是非生物分子机器的第一个雏形。司徒塔特的研究组利用多种不同的轮烃制造出大量不同的分子机器，包括一台电梯（图 3-22），其上升高度可达到 0.7nm 左右（约相当于 2 层石墨烯的厚度）；斯蒂芬·希尔（Stefan Hell）和简·威克曼（Jan Wichmann）提出受激发射损耗显微术概念，打破了光学成像的衍射极限。詹姆士·威尔伯（James L. Wilbur）、阿米特·库玛尔（Amit Kumar）、伊诺·克基姆（Enoch Kim）、乔治·怀特赛兹（George M. Whitesides）发明了微接触印刷术。

微接触印刷是先通过光学或电子束光刻得到模板。压模材料的化学前体在模板中固化，聚合成型后从模板中脱离，便得到了进行微接触印刷所要求的压模，常用材料是二甲基硅氧烷（PDMS）。就像我们盖章用的印章，被刻成阴文或者阳文的形式。接着，PDMS压模与墨的垫片接触或浸在墨溶液中，墨通常采用含有硫醇的试剂。然后将浸过墨的压模压到镀金衬底上，衬底可以为玻璃、硅、聚合物等多种形式。另外，在衬底上可以先镀上一薄层钛层然后再镀金，以增加粘连。硫醇与金发生反应，形成自组装单分子层膜。微接触印刷不但具有快速、廉价的优点，而且它还不需要洁净间的苛刻条件，甚至不需要绝对平整的表面。微接触印刷还适合多种不同表面，具有操作方法灵活多变的特点。

1995年，日本理化技术研究所的和田昭允发表的《利用纳米技术解析蛋白质立体结构》的论文引起欧美学界很大反响；欧米亚吉（O. M. Yaghi）等首次提出金属有机骨架化合物（MOF）概念（图3-23）。

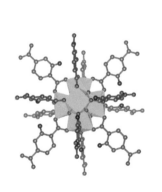

图 3-23 MOF-5及基于MOF制备的空气过滤材料

图 3-24 罗伯特·科尔（美）和理查德·斯莫利（美）

1996 年，罗伯特·科尔（美）、哈罗德·沃特尔·克罗托（英）和理查德·斯莫利（美）（图 3-24）因富勒烯的发现获诺贝尔化学奖；中国科学家在 m-NBMN/DBA 复合膜上写入直径为 1.3nm 的信息点阵，比当时国际上报道的最小的信息点阵（10nm）直径小了将近一个数量级；约翰·卡山诺维奇（John Kasianowicz）、埃里克·布兰丁（Eric Brandin）、丹尼尔·布兰顿（Daniel Branton）和大卫·迪默（David Deamer）将一个 DNA 单链穿过脂质双层膜内的纳米孔，利用纳米孔开始了基因测序。德米特里·鲁特科维奇（Dmitri Routkevitch），马丁·莫斯科维奇（Martin Moskovits）等首次合成模板纳米线。

1997 年，奥德杰（Ondrej Krivanek）发明了球差校正扫描隧道显微镜；美国科学家实现了单电子移动单电子，为量子计算机的发展奠定了基础。

1998 年，中国科学家制备出纳米金刚石粉，清华大学制成微米量级的一维纳米棒；埃布森（Ebbesen）、Lezec、格米（Ghaemi）、蒂奥（Thio）和沃尔夫（Wolff）观察到了金属薄膜上的亚波长孔阵的光异常透射现象；科米斯基（Comiskey）、艾伯特（Albert）、友施扎娃（Yoshizawa）和雅各布森（Jacobson）发明了电子墨水；查尔斯·利伯（Charles Lieber）、拉斯·萨缪尔森（Lars Samuelsson）和他比留间（Kenji Hiruma）独立开发出制备晶态半导体纳米线的技术。

图 3-25 电子墨水手表

知识点

电子墨水是一种信息被显示的新方法和技术。像多数传统墨水一样，电子墨水可以打印到许多表面，从弯曲塑料、聚脂膜、纸到布。和传统纸的差异是电子墨水在通电时改变颜色，并且可以显示变化的图像，即像计算器或手机那样的显示，在断电后，仍然能够保持原有的图案，所以非常节能，通常待机时间很长（图3-25）。

1999 年，荷兰人费林加研究出分子转动叶片，成功地使叶片持续朝一个方向旋转，并保持此方向不变，自此，人工合成的分子马达问世；巴西和美国科学家联手在进行纳米管实验时，发明了世界上最小的秤，它能够称量 10^{-9}g 的物质，即相当于一个病毒的重量，此后德国科学家研制出能够称量单个原子的秤；中国科学家解思深等合成了当时最长的单壁碳纳米管，为制造理想的超级纤维提供了可能的材料基础；中国科学家卢柯等首次发现了纳米铜的超塑延展性，纳米铜"能伸能屈"达 50 多倍也"不折不挠"；理查德·派涅尔（Richard D. Piner），乍得·米尔金（Chad A. Mirkin）发明了浸笔微刻技术等（图3-26~图3-29）。

图 3-26 纳米管做成的"纳米秤"

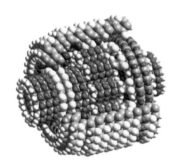

图 3-27 轮烯

图 3-28 微机械

图 3-29 纳米马达

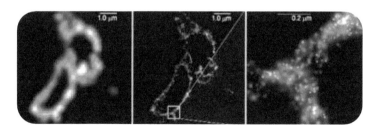

图 3-30 传统显微镜成像；超分辨率荧光显微镜成像

图 3-30 显示的是传统显微镜拍摄的图片和超分辨率荧光显微镜拍摄的图片，后者的分辨率提高很多倍。

2000年1月，美国时任总统的克林顿宣布了美国版的国家纳米技术战略规划，自2000年10月1日起开始实施；德国科学家斯特凡·黑尔发明了受激发射光淬灭（简称STED）技术，研制出超分辨率荧光显微镜。

2001年，美国加利福尼亚大学伯克利分校华裔科学家杨培东等展示了室温纳米线激光器，在只有人的头发丝直径千分之一的纳米光导线上制造出当时世界上最小的激光器——纳米激光器。这种激光器不仅能发射紫外激光，经过调整后还能发射从蓝色到深紫外的激光；同年，中国成立国家纳米科技指导协调委员会，7月，科技部、发改委、教育部、中科院、自然科学基金会等五部委联合印发《国家纳米科技发展纲要（2001—2010年）》，对纳米科技做了顶层设计。中国科学家朱道本和唐本忠等首次提出聚集诱导发光概念。玻色－爱因斯坦凝聚获得诺贝尔物理学奖，2000个铷原子在绝对零度上百万分之一度时失去原有粒子性质。

2002年，德国科学家在纳米尺度上实现光能和机械能的转变，使纳米机器找到简便可控的动力成为可能；美国科学家研制出原子级纳米晶体管；中国科学家江雷等发现荷叶效应的本质。

2003年，美国科学家利用碳纳米管研制出世界上最小的电动机；美国科学家研制出世界第一个修补大脑的芯片问世；日本科学家研制出量子计算机基本电路；中国科学家卢柯等首次实现金属表面纳米化；中国批准成立国家纳米科学中心。

2004年，英国俄裔科学家安德烈·海姆和康斯坦丁·诺沃肖洛夫用机械剥离法制备出石墨烯；以、美科学家实现了分子马达的暂停和停止；美国科学家首次利用纳米悬臂梁在核磁共振成像中观测到单电子发出的微弱磁信号。

2005年，中国创办国际纳米技术会议（CHINANANO）；中国科学家实现单分子自旋态控制，为单分子功能器件制备提供了重要的新方法；法国科学家首次找到控制单分子行动的方法；中国科学家制造了能在血管中通行的纳米药物分子运输车。

画外音

石墨具有完美的六元环结构，是检测对象一个非常好的参照物，通常用作电镜的标尺。一片石墨两面用胶带一粘，撕开，就获得了电镜下的标尺，步骤非常简单，用完了是要被丢到垃圾箱里去的。但是这两位科学家把别人丢弃的东西加以研究，终获诺贝尔奖。可见科技就在我们身边，关键看我们的态度，是熟视无睹，还是善于发现。值得一提的是，安德烈·杰姆还曾在2000年获得“搞笑”诺贝尔奖，他是一位获得“双料”诺贝尔奖的科学家。

2006年，保罗·罗斯蒙德（Paul Rothemund）展示了一种将DNA单链折叠成复杂的二维形状的方法——DNA折纸术。美国科学家埃里克·贝齐格发明了随机单分子定位的超分辨技术；威廉·莫纳发明了单分子荧光显微技术；美国华裔科学家张首晟提出“拓扑绝缘体”理论，次年实验得到证实；美国华裔科学家王中林等发明纳米发电机；中国启动了《国家中长期科学和技术发展规划纲要（2006—2020年）》，将“纳米研究”列为基础研究的四个重大科学研究计划之一。

知识点

拓扑绝缘体的内部与人们通常认识的绝缘体一样，是绝缘的，但是在它的边界或表面总是存在导电的边缘态，这是它有别于普通绝缘体的最独特的性质。

2007 年，法国科学家阿尔贝·费尔和德国科学家彼得·格林贝格尔因分别独立发现巨磁阻效应而共同获得诺贝尔物理学奖。这是纳米技术领域重大应用之一，使硬盘容量越来越大，尺寸越来越小。同年，中科院苏州纳米技术与纳米仿生研究所设立。

2008 年，美国科学家设计出光驱动纳米机器；中国科学家利用冷原子量子存储技术实现量子中继器，为量子通信扫平了道路。

知识点 量子中继器：量子通信系统使用纠缠光子对为信号源，而量子中继器通过纠缠制备、纠缠分发、纠缠纯化和纠缠交换来实现中继功能的转换器。量子信号的传输距离由中继级数决定，使用这种中继器的量子通信系统可以用于长距离量子通信。

2009 年，晃弘小岛（Akihiro Kojima），高桥努宫坂（Tsutomu Miyasaka）等首次将钙钛矿纳米晶引入太阳能电池。美国科学家研制出首台通用编程量子计算机，可处理两个量子比特的数据。中国科学家利用纳米催化剂实现万吨级煤制乙二醇。

2010 年，安德烈·海姆和康斯坦丁·诺沃肖洛夫（图 3-31）因石墨烯获得诺贝尔奖；中国科学家李玉良等合成了石墨炔，它是一种以 sp、sp^2 两种杂化态混合形成新的碳同素异形体，与石墨烯一样都是单个碳原子厚的平面碳材料，也具有非常优异的物理性质。所不同的是，石墨烯是蜂巢晶格结构，而石墨炔可以有数种不同的二维结构。

2011 年荷兰制造出世界上最小的"分子电动车"；加拿大和德国科学家合作实现在晶体中存储量子纠缠态信息；英国发明超薄"纳米片"制备方法。

安德烈·海姆

康斯坦丁·诺沃肖洛夫

图 3-31　2010年度诺贝尔物理学奖获得者

2012年澳大利亚和美国科学家合作设计出世界上最细纳米导线，宽度相当于4个硅原子（约0.8nm），高度相当于1个硅原子（约0.2nm）。英国科学家发现新的高速磁存储原理，通过激光局部加热实现磁极颠倒，基于此原理可以开发出比现有硬盘高数百倍的存储器；美国科学家用光子取代电子，制造出首个由光子电路元件组成的"超电子"电路。

2013年，大卫·李（David Leigh）创造了一个相当于人工核糖体的分子机器，可将氨基酸按特定顺序连接起来。中国科学院薛其坤等在国际上首次实现了"量子反常霍尔效应"。

知识点

在凝聚态物理领域，量子霍尔效应研究是一个非常重要的研究方向。量子反常霍尔效应不同于量子霍尔效应，它不依赖于强磁场而由材料本身的自发磁化产生。在零磁场中就可以实现量子霍尔态，更容易应用到人们日常所需的电子器件中。

2014 年，美国科学家埃里克·贝齐格、威廉·莫纳和德国科学家斯特凡·黑尔（图 3-32）因开发出超分辨率荧光显微镜，突破阿贝（Abbe）衍射极限，实现纳米尺度上观察生物体系，而获得 2014 年度诺贝尔化学奖。赤崎勇、天野浩和中村修二因发明"高效蓝色发光二极管"而获得 2014 年诺贝尔物理学奖。美国研制出新一代仿人脑计算机芯片"真北"，集成了 54 亿个晶体管。中国科学家基于"纳米限域催化"的理论，利用硅化物晶格限域的单中心铁催化剂实现一步高效生产乙烯、芳烃等高值化学品。

埃里克·贝齐格　　　　　威廉·莫纳　　　　　斯特凡·黑尔

图 3-32 2014年度诺贝尔化学奖获得者

让-皮埃尔·索维奇　　　詹姆斯·弗雷泽·斯托达特　　　伯纳德·费林加

图 3-33 2016年度诺贝尔化学奖获得者

2015 年，美国科学家使用单个光子实现了与 3000 个原子的纠缠，未来借此有望制造出速度更快的量子计算机和更精确原子钟；英国科学家用多层次大孔石墨烯克服了锂 – 空气电池的多个技术难题；中国科学家实现了可变形液态金属机器无需外部电力的自驱动。

2016 年，法国斯特拉斯堡大学的让 – 皮埃尔·索维奇教授、美国西北大学的詹姆斯·弗雷泽·斯托达特教授以及荷兰格罗宁根大学的伯纳德·费林加教授（图 3-33）因分子机器获得诺贝尔化学奖；美国科学家实现碳纳米管晶体管性能首次超过硅晶体管；英国科学家发明了空间三维位置、朝向、大小"五维数据存储"技术，理论上可让数据存储时间超过百亿年；中国发射"墨子号"量子实验卫星；中国科学家利用单颗粒冷冻电镜破解了光合作用超分子结构；中国科学家揭示水的核量子效应，澄清了氢键的量子本质。

2017 年，瑞士洛桑大学雅克·杜波切特（Jacques Dubochet）、美国哥伦比亚大学乔基姆·弗兰克（Joachim Frank）和英国剑桥大学理查德·亨德森（Richard Henderson）凭借"研发出能确定溶液中生物分子高分辨率结构的冷冻电子显微镜"获得诺贝尔化学奖；英国、美国、奥地利等国科学家合作开发的新传感技术实现意念控制假肢；美国科学家提出 DNA 存储数据新方法，理论上可以把人类有史以来的数据存储在两辆小货车大小的空间中。英国科学家研制出首个由 150 个碳、氢、氧和氮原子构成的分子机器人。中国科学家研制出首台光量子计算机。

1991 年~2017 年,纳米材料和技术取得令人瞩目的进展(图 3-34)。

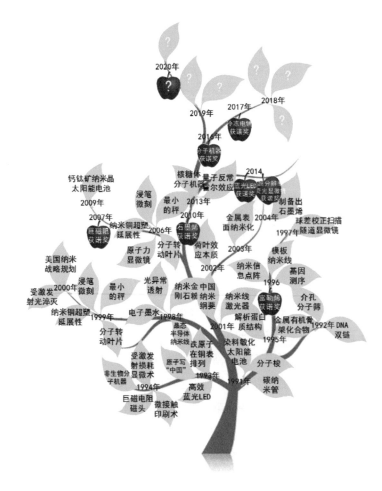

图 3-34 纳米材料和技术相关重要进展汇总（1991年~2017年）

4.纳米科技发展路线图

据美国的一项预测认为，纳米技术的发展可能会经历以下五个阶段（图3-35）。

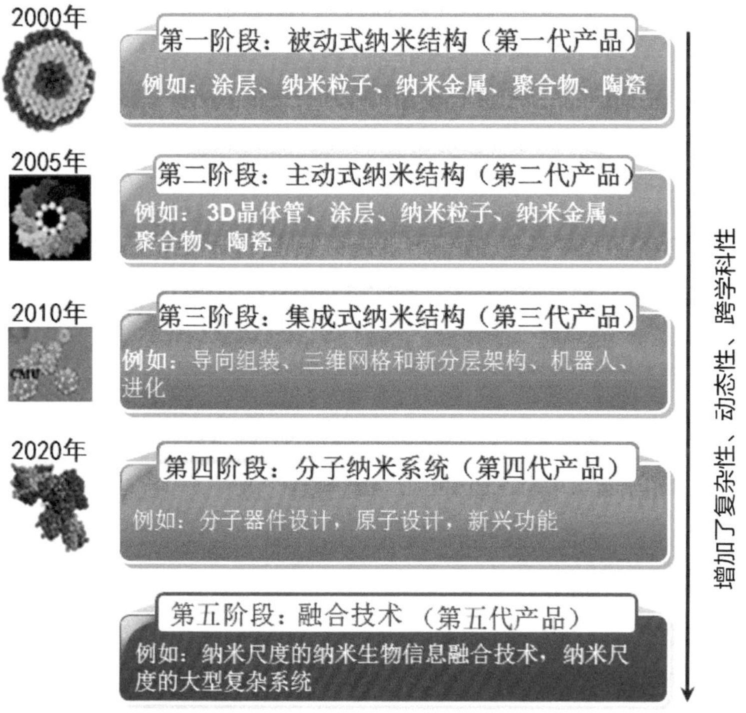

2000年

第一阶段：被动式纳米结构（第一代产品）
例如：涂层、纳米粒子、纳米金属、聚合物、陶瓷

2005年

第二阶段：主动式纳米结构（第二代产品）
例如：3D晶体管、涂层、纳米粒子、纳米金属、聚合物、陶瓷

2010年

第三阶段：集成式纳米结构（第三代产品）
例如：导向组装、三维网格和新分层架构、机器人、进化

2020年

第四阶段：分子纳米系统（第四代产品）
例如：分子器件设计，原子设计，新兴功能

第五阶段：融合技术（第五代产品）
例如：纳米尺度的纳米生物信息融合技术，纳米尺度的大型复杂系统

增加了复杂性、动态性、跨学科性

图 3-35 纳米科技发展路线图

第一阶段：发展重点是要准确地控制原子数量在 100 以下的纳米结构材料。这需要使用计算机设计 / 制造技术和现有工厂的设备和超精密电子装置。这个阶段的市场规模约为 5 亿美元。

第二个阶段：生产纳米结构材料。在这个阶段，纳米结构材料和纳米复合材料的制造将达到实用化水平。该阶段的市场规模在 50 亿美元 ~200 亿美元。

第三个阶段：大量制造复杂的纳米结构材料将成为可能。这要求有高级的计算机设计 / 制造系统、目标设计技术、计算机模拟技术和组装技术等。该阶段的市场规模可达 100 亿美元 ~1000 亿美元。

第四个阶段：纳米计算机将得以实现。这个阶段的市场规模将达到 2000 亿美元 ~1 万亿美元。

第五个阶段：科学家们将研制出能够制造动力源与程序自律化的元件和装置，市场规模将高达 6 万亿美元。

5. 纳米尺度检测工具

用扫描隧道显微镜不仅能观察原子、分子，而且能够用针尖搬运原子，按照你的想法任意排列。

作为一种扫描探针显微术工具，它可以让科学家观察和定位单个原子。此外，STM 在低温下（4K）（图 3-36）可以利用探针尖端精确操纵原子，因此，在纳米科技领域它既是测量工具又是加工工具。

图 3-36 超低温扫描隧道显微镜

当两个原子的距离小于1nm时，会产生隧道电流（图3-37）。原子力显微镜就是基于这样的原理，把电流信号还原成高低起伏的表面信息。

STM使人类第一次能够实时地观察单个原子在物质表面的排列状态和与表面电子行为有关的物理化学性质，在表面科学、材料科学、生命科学等领域的研究中占有举足轻重的地位，被国际科学界公认为20世纪80年代世界十大科技成就之一。

除了扫描隧道显微镜以外，纳米尺度的观察工具还有原子力显微镜、扫描电子显微镜、透射电子显微镜等。

图　3-37　隧道电流示意图　　　　图　3-38　扫描探针显微镜

扫描探针显微镜（Scanning Probe Microscope，SPM）（图3-38）是扫描隧道显微镜及在扫描隧道显微镜的基础上发展起来的各种新型探针显微镜（原子力显微镜AFM，激光力显微镜LFM，磁力显微镜MFM等）的统称，是国际上近年发展起来的表面分析仪器，是综合运用光电子技术、激光技术、微弱信号检测技术、精密机械设计和加工、自动控制技术、数字信号处理技术、应用光学技术、计算机高速采集和控制及高分辨图形处理技术等现代科技成果的光、机、电一体化的高科技产品。

知识点

　　扫描电子显微镜（Scanning Electron Microscope，SEM）（图3-39）是1965年发明的较现代的细胞生物学研究工具，主要是利用二次电子信号成像来观察样品的表面形态，即用极狭窄的电子束去扫描样品，通过电子束与样品的相互作用产生各种效应，其中，主要是样品的二次电子发射。通常要求样品表面具有导电性，对于导电性不好的样品，需要通过喷金或者镀碳来改善导电性。

　　透射电子显微镜（Transmission Electron Microscope，TEM）（图3-40），可以看到在光学显微镜下无法看清的小于0.2μm的细微结构，这些结构称为亚显微结构或超微结构。要想看清这些结构，就必须选择波长更短的光源，以提高显微镜的分辨率。1932年，Ruska发明了以电子束为光源的透射电子显微镜，电子束的波长要比可见光和紫外光短得多，并且电子束的波长与发射电子束的电压平方根成反比，也就是说电压越高波长越短。目前，TEM的分辨率可达0.08nm，但随之而来的是千万以上的生产造价。

图　3-39　扫描电子显微镜

图　3-40　透射电子显微镜

6. 纳米器件与加工设备

纳米器件是通过操纵和移动原子、分子而制造出来的元器件。如，纳米晶体管、纳米齿轮、纳米轴承、纳米马达等。

未来纳米器件的制备有3种可行的技术路线："自上而下"与"自下而上"，以及二者相结合。所谓"自上而下"是指从块体材料出发，利用纳米技术制备纳米结构和器件，就像雕塑家进行艺术创作一样，将原材料按照艺术构思来设计，然后采用雕刻塑造等艺术手法，创造出各种微小尺寸的结构和器件。所谓"自下而上"是指从分子、原子出发，自组装生长出所需要的纳米材料与纳米结构。就像搭积木一样，按照设计方案，一块一块搭建出各种微小尺寸的结构和器件。二者结合是指一部分从块体材料进行加工，在此基础上再进行自组装生长，而获得复杂的结构和器件。

纳米加工技术包括光刻蚀技术、磁控溅射、电子束曝光、纳米压印、化学气相沉积等。

知识点

磁控溅射是物理气相沉积（Physical Vapor Deposition，PVD）（图3-41）的一种。在高真空充入适量的氩气，在阴极（柱状靶或平面靶）和阳极（镀膜室壁）之间施加几百 kV 直流电压，在镀膜室内产生磁控型异常辉光放电，使氩气发生电离。氩离子被阴极加速并轰击阴极靶表面，将靶材表面原子溅射出来沉积在基底表面上形成薄膜。一般的溅射法可被用于制备金属、半导体、绝缘体等多种材料，且具有设备简单、易于控制、镀膜面积大和附着力强等优点，而 20 世纪 70 年代发展起来的磁控溅射法更是实现了高速、低温、低损伤。因为是在低气压下进行高速溅射，必须有效地提高气体的离化率。磁控溅射通过在靶阴极表面引入磁场，利用磁场对带电粒子的约束来提高等离子体密度以增加溅射率。

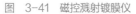
图 3-41 磁控溅射镀膜仪　　　　图 3-42 电子束曝光系统

知识点

电子束曝光（electron beam lithography）（图 3-42）指使用电子束在表面上制造图样的工艺，是光刻技术的延伸应用。电子束曝光系统将帮助科学家和工程师发展下一代微纳技术，在尺寸小于 10nm 的物体表面上实现结构和图案的蚀刻。电子束曝光技术可直接刻画精细的图案，是实验室制作微小纳米电子元件的最佳选择。

图 3-43 双面对准紫外光刻机　　　图 3-44 低温等离子体增强化学气相镀膜仪

知
识
点

光刻机（Mask Aligner）（图3-43）又名：掩模对准曝光机，曝光系统，光刻系统等。常用的光刻机是掩膜对准光刻，所以叫 Mask Alignment System。进入纳米尺度加工后，光源需要使用紫外光，甚至深紫外（193nm 或 248nm）、极紫外（10nm~15nm）来实现纳米级的加工。借助最先进的极紫外光刻机，人类已经实现 10nm 以下的结构商业化加工。目前，最先进的光刻机售价 1 亿美元一套。

前
沿
进
展

极紫外光刻（Extreme Ultraviolet Lithography，EUV）是以波长为 10nm~14nm 的极紫外光作为光源的光刻技术，具体为采用波长为 13.4nm 的软 X 射线。EUV 光线的能量、破坏性极高，因此制程的所有零部件、材料，样样挑战人类工艺的极限。例如，因为空气分子会干扰 EUV 光线，生产过程得在真空环境；机械的动作得精确到误差仅以 ps（皮秒，万亿分之一秒）计；反射镜得做到史无前例的完美无瑕，瑕疵大小仅能以 pm（皮米，纳米的千分之一）计。也就是说如果反射镜面积有整个德国那么大，最高的突起处不能高于 1cm。现在最先进 ASML 公司的 EUV（极紫外光）光刻机已经能够制造 7nm 以下制程的芯片了。

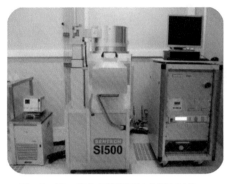

图 3-45 高密度等离子体金属刻蚀机　　　图 3-46 纳米压印系统

知识点

　　等离子体增强化学气相沉积，使气体激发产生低温等离子体，增强反应物质的化学活性，从而进行外延生长的一种方法。等离子体增强化学气相沉积（图 3-44）的主要优点是沉积温度低，对基体的结构和物理性质影响小；膜的厚度及成分均匀性好；膜组织致密、针孔少；膜层的附着力强；应用范围广，可制备各种金属膜、无机膜和有机膜。

　　等离子刻蚀（图 3-45）是干法刻蚀中最常见的一种形式，其原理是暴露在电子区域的气体形成等离子体，由此产生的电离气体和释放高能电子组成的气体，从而形成了等离子或离子，电离气体原子通过电场加速时，会释放足够的力量与表面驱逐力紧紧黏合材料或蚀刻表面。

　　纳米压印技术（图 3-46）类似盖图章的转印方式，是在纳米尺度获得复制结构的一种成本低而速度快的方法，它可以大批量重复性地在大面积上制备纳米图案结构，而且所制出的高分辨率图案具有相当好的均匀性和重复性。

时光隧道 **Intel处理器工艺节点**

从 20 世纪 50 年代至今，微电子学领域经历了几个发展阶段，可以从尺寸划分，也可以从集成度划分。从尺寸来看，包括微米阶段、亚微米阶段、纳米阶段，以及未来的亚纳米阶段；从集成度看，集成的晶体管数目由几千个增至现在的上亿个，包括小规模集成、中规模集成、大规模集成、超大规模集成等阶段，导致集成电路设计中的线条宽度和间距越来越小，线条宽度由毫米减至微米和纳米，尺寸越来越接近原子，制作工艺越来越困难。无论我们怎样划分，都不影响处理器的发展基本上符合体现信息技术进步速度的摩尔定律。摩尔定律是由英特尔（Intel）创始人之一戈登·摩尔（Gordon Moore）提出来的一个理论预测，其内容为：当价格不变时，集成电路上可容纳的元器件的数目，约每隔 18 个月便会增加一倍，性能也将提升一倍。

第 1 阶段：微米阶段。

1971 年 11 月 15 日，Intel 公司（英特尔）的工程师霍夫发明了世界上第一个商用微处理器——4004，从此这一天被当作具有全球 IT 界里程碑意义的日子而被永远地载入了史册。这款 4 位微处理器运行速度只有 108kHz，甚至比不上 1946 年世界第一台计算机 ENIAC。但它的集成度却要高很多，集成晶体管 2300 只，采用 10μm 制造工艺，一块 4004 的质量还不到 1oz（盎司）（1oz=28.35g）。这一突破性的发明最先应用在名字叫作 Busicom 的计算器上，为无生命体和个人计算机的智能嵌入铺平了道路。

1972 年，英特尔推出了 8008 微处理器，频率为 200kHz，性能是 4004 的两倍，晶体管的总数已经达到了 3500 个，采用 10μm 制造工艺，能处理 8 比特的数据。8008 微处理器在 1974 年被第一批家用计算机之———名为 Mark-8 的设备采用，基本上形成了一个台式计算机雏形。

1974年，英特尔推出了划时代的8080微处理器，由于采用了复杂的指令集以及40管脚封装，其处理能力大为提高，功能是8008的10倍，每秒能执行29万条指令，集成晶体管数目达到6000个，采用6μm制造工艺，运行速度2MHz。8080微处理器有幸成为了第一款个人计算机Altair的大脑。

1978年，英特尔推出了首枚16位微处理器8086和与之匹配的数学协处理器8087。在同一年推出了性能更出色的8088处理器。三款处理器都拥有29000只晶体管，采用3μm制造工艺，速度可分为5MHz、8MHz、10MHz，内部数据总线、外部数据总线均为16位，可寻址1MB内存。首次在商业市场给消费者提供了更自由的选择。

1982年，英特尔推出了最后一块16位80286(俗称286)微处理器，具备16位字长，采用1.5μm制造工艺，集成了14.3万只晶体管，具有6MHz、8MHz、10MHz、12.5MHz四个主频的产品。

1985年，英特尔推出了第一代32位80386(俗称386)处理器，集成了275000只晶体管，采用1.5μm制造工艺，超过了4004芯片的100倍，每秒可以处理500万条指令。同时也是第一款具有"多任务"功能的处理器，这对微软的操作系统发展有着重要的影响。

第2阶段：全面进入亚微米阶段。

1989年：英特尔推出最后一款以数字为编号的80486(俗称486)处理器，采用1μm制造工艺，集成了125万个晶体管，时钟频率由25MHz逐步提升到100MHz。486处理器的应用意味着用户从此摆脱了键盘命令形式的计算机，进入鼠标为代表的计算时代。

此后，英特尔开始告别微处理器数字编号时代，进入到了Pentium时代。

1993年3月，英特尔发布了Pentium(俗称586)中央处理器芯片（CPU），采用了 0.80μm 工艺技术制造。

1995 年 3 月，英特尔发布了采用 0.60μm/0.35μm 两种工艺技术制造的 Pentium 120MHz 处理器，不过核心依旧由 320 万个晶体管组成。

1997 年 5 月，英特尔发布了采用 0.35μm 工艺技术的 233MHz、266MHz、300MHz 三款 PII 处理器，核心提升到由 750 万个晶体管组成。

第 3 阶段：微纳米阶段。

1998 年 4 月，英特尔发布 Pentium II 350MHz、Pentium II 400MHz 和第一款 Celeron 266MHz 处理器，此三款 CPU 都采用了最新 0.25μm 制程工艺技术，核心由 750 万个晶体管组成。

1999 年 2 月，英特尔发布 Pentium III 450MHz、Pentium III 500MHz 处理器，同时采用了 0.25μm 制程工艺技术，核心由 950 万个晶体管组成，从此开始踏上了 PIII 旅程。

2000 年，英特尔推出了 Pentium IV，采用当时业界最先进的 0.18μm 制程工艺制作，集成了 4200 万个晶体管，时钟频率达到 1.5GHz。

2002 年 11 月，英特尔在新一代奔腾 4 处理器 3.06GHz 上推出其创新超线程（HT）技术，可将电脑性能提升 25%，达到了一个电脑里程碑。这是第一款针对便携式计算机开发的商用微处理器，运行速率为每秒 30 亿周期，并且采用当时业界最先进的 0.13μm 制程制作工艺技术，核心由 5500 万个晶体管组成。

第 4 阶段：全面进入纳米阶段。

2004 年 2 月，英特尔同期发布了 Northwood（奔腾 4 第二代产品）以及 Prescott（90nm 工艺）。Northwood 采用 0.13μm 制程工艺，

具有电压低、体积小、温度低的优点。Prescott 采用的是 90nm 制程工艺技术，晶体管数为 125000000 万个。

2006 年 1 月，英特尔发布了第一款采用全新 65nm 制程的 CPU——Presler 核心的 Pentium Extreme Edition 955，英特尔酷睿 2 双核处理器包含 2.91 亿个晶体管。

2007 年 11 月，英特尔推出了 45nm 工艺制程的芯片，晶体管密度比上一代 65nm 处理器几乎翻了一倍，每个四核处理器上装载了 8.2 亿个晶体管，使得英特尔的处理器可以比上代产品体积缩小了 25%。

2010 年 1 月，新的酷睿家族在原来酷睿 i5、酷睿 i7 的基础上增加了酷睿 i3，全线产品均采用了 32nm 制程工艺技术和 Nehalem 微架构。

2011 年，英特尔推出了第二代集成智能、核芯显卡 i3、i5 和 i7 系列 32nm 工艺制程的酷睿处理器，采用第二代高 K 栅极工艺设计的 Sandy Bridge，相比第一代 45nm 芯片来说缩小近 25% 的空间。

2012 年，英特尔发布 22nm 工艺和第三代处理器。核心架构名称为 Ivy Bridge，采用 3D 晶体管技术。22nm 晶体管拥有更小的单位面积，这一代酷睿处理器内部晶体管数量最高达到 14 亿。

2014 年 9 月，英特尔推出 14nm Broadwell 架构超低功耗的 Core M 移动处理器。2015 年 1 月，发布 17 款 14nm 制程工艺第五代 Core 系列处理器产品。

2017 年 1 月，英特尔展示了 10nm 制程工艺的 Cannon Lake 处理器，在 1mm^2 内可以塞进 1.008 亿个晶体管，鳍片间距做到 34nm，最小金属间距则做到 36nm，主要用于移动设备。

2017 年 8 月，尽管英特尔第一代 10nm 处理器还没正式推出，但这丝毫不影响它对第二代 10nm 处理器的设计规划。从英特尔官网代号库中可以发现，一款被命名为 Ice Lake 的新世代芯片产品已进入生产日程，将采用的是 10nm+ 制程技术，主要用于台式计算机。英特尔预计在 2018 年初推出的基于 10nm 制程工艺处理器再次跳票，延期到年底，这一目标是否能实现，摩尔定律是否能继续走下去，让我们拭目以待……

2016 年，AlphaGo 战胜人类优秀棋手李世石，2017 年，AlphaGo 战胜人类优秀棋手柯洁，再次取得了人机大战的胜利，人工智能再次引爆眼球，因此，人工智能取代人类的声音不绝于耳。但当我们冷静下来，发现人机大战并非首次亮相，早在 20 年前，1997 年 5 月 11 日，人机世纪大战终于降下了帷幕，随着国际象棋世界冠军卡斯帕罗夫一比二败给了 IBM 公司的一台机器，"深蓝"的大名早已家喻户晓，妇孺皆知。这是人工智能飞速发展的一个重要标志，其实这一切的发展，都归因于计算机硬件水平发展和计算机软件水平的发展。计算机计算能力的大幅度提升和计算算法的进步，使人工智能成为可能。因此，在人工智能战胜人类优秀棋手光鲜的背景之下，需要我们更加关注硬件和软件的发展和制造。

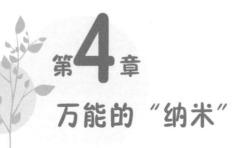

第4章
万能的"纳米"

导语: 由于纳米尺度下物质呈现出许多新奇特性,所以科学家对纳米科技情有独钟,持续不懈地推动这些新奇特性在各个学科的应用,努力使这些新奇特性为人类造福,你能想象出将这些特性应用到我们的生活中,会产生怎样令人惊异的效果吗?

1. 纳米材料

纳米材料是纳米科技的基本组成部分。纳米材料在晶粒尺寸、表面与体内原子数比和晶粒形状等方面与宏观材料有很大的不同。这些材料的新奇特性是由其本身构成原子的结构、特殊的界面和表面结构所决定的。制造纳米尺度的材料和器件在电子信息、光学、能源、环境、化工、生物医药等方面都具有重要意义。

◎ 纳米晶

当前纳米粒子已经在工业上得到了广泛应用,如,催化剂材料、传感材料、生物材料、吸波材料、隔热材料等。

延展性（图4-1、图4-2）是物质的物理属性之一，物体在外力作用下能延伸成细丝而不断裂的性质叫延性；在外力（锤击或滚轧）作用能碾成薄片而不破裂的性质叫展性。金属在适当的温度下（大约相当于金属熔点温度的一半）变得像软糖一样柔软，而产生本身长度3倍以上的延伸率，属于超塑性。而铜纳米晶化以后，居然在室温（熔点的1/4以下）可以延展51倍以上而不断裂。

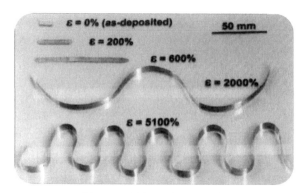

图 4-1 纳米铜的超塑延展性

图 4-2 非晶纳米晶带材

纳米金属材料在不牺牲塑性和韧性的前提下，强度和硬度会随着晶粒尺寸的减小而提高，其纳米粒子的小尺寸效应、表面效应和宏观量子隧道效应等使它们在声、电、光、磁、力等方面呈现与宏观材料不一样的特性。

知识点

中国人早在约公元前 5000 年～前 2000 年（新石器时代）就发明了陶器。用陶土烧制的器皿叫陶器，用瓷土烧制的器皿叫瓷器。陶瓷则是陶器，炻器和瓷器的总称。传统概念中凡是用陶土和瓷土这两种黏土为原料，经过配料、成型、干燥、焙烧等工艺流程制成的器物都可以叫陶瓷。随着近代科学技术的发展，陶瓷原料不再局限于黏土、长石、石英等传统材料，而是扩大到非硅酸盐，非氧化物的范围，并且出现了许多新的工艺。

陶瓷业是我国一个比较古老的行业，许多高档陶瓷还停留在较低的发展水平上，远远不能满足日益发展的需求。使陶瓷材料纳米化，研制高性能纳米陶瓷，将使这一局面得到改观。采用纳米技术制成的陶瓷，具有高强度、高耐磨性、高硬度和韧性。

虽然纳米陶瓷（图4-3、图4-4）还有许多关键技术要解决，但其优良的高温力学性能、抗弯强度、断裂韧性，使其在切削刀具、轴承、汽车发动机部件等方面具有广泛的应用前景，并在超高温、强腐蚀等苛刻环境下发挥着其他材料不可替代的作用，应用前景十分广阔。

纳米磁性材料在纳米材料中最早进入工业化生产。微晶软磁材料已应用到电力、通信、家电、计算机等行业；高性能磁记录材料可使磁盘记录密度显著提高，并大幅度提高寿命和保真性能；导磁浆料是利用纳米材料的高饱和磁化强度和高磁导率的特性研制的，用于精细磁头的粘接等；磁性液体也叫磁流体，或磁液，同时具有磁体的磁性和液体的流动性，在电子、仪表、机械、化工、环境、医疗等行业具有广泛的应用前景。

图 4-3 纳米粒子粉末烧制 图 4-4 纳米陶瓷刀（锋利无比，重量很轻，
（烧结）的陶瓷产品 硬度很高，永不生锈）

 前沿进展

在室温下，含金属钪的分子会在富勒烯分子碳笼内飞速旋转，在富勒烯的保护下，其转动是几乎没有摩擦的，且非常稳定。可以用激光对其旋转方向进行调整，这就相当于陀螺旋转，如果很好地加以控制，就可以用来做陀螺定位仪，有望实现 1m 以内的定位精度。

◎ 电磁吸收和屏蔽材料

某些纳米材料具有良好的电磁吸收和电磁屏蔽作用，可作为高效雷达吸波隐身材料（图 4-5）、防电磁波建筑涂层材料，对提高军事装备水平有巨大作用；在纤维中加入金属纳米材料，制成衣物、地毯等纺织品就可以有效避免静电效应。纳米电磁屏蔽材料如果能够广泛应用在电视、电脑、微波炉等电器表面，可以减少高频辐射对人的危害，也可以防止外界静电对图像的干扰。

◎ 纳米超双亲材料

　　纳米材料由于特殊的界面结构，能达到既亲油又亲水的独特效果，可应用于浴室的镜子（图4-6）、商店的橱窗、汽车玻璃（图4-7）等。

图　4-6　防雾镜子

图　4-5　具有吸波性能的战斗机模型

图　4-7　超疏水玻璃

知识点

　　当固体表面与水的接触角大于150°时，称之为超疏水表面；当固体表面与水的接触角接近0°时，则称之为超亲水表面。但是实际使用中，接触角在5°以下就能有防雾效果，所以接触角 < 5°就算超亲水表面。

◎ 纳米超双疏材料

由于纳米材料的表面结构，可以充分表现液体表面张力，形成稳定的气、液、固三相界面，从而达到不粘水、不粘油的双疏效果。

◎ 纳米复合材料

炎热的夏日，骄阳似火，当你走在路上的时候，是否梦想有一件可以挡住紫外线的神器？利用纳米材料可以吸收紫外线的功能，制成的纳米改性面料问世，这个愿望现在已经可以实现了。

◎ 纳米复合聚酯面料

在纤维的制备过程中加入纳米无机粉体材料，不仅提升了抗紫外能力，而且性能更持久，外观更光泽、手感更柔软。

纳米复合塑料是把纳米材料分散在塑料基体中的纳米复合材料，具有一般工程塑料不具备的高强度、高耐磨、高耐热、易于加工等优良性能。

纳米复合超高分子量聚乙烯（图4-8）是利用无机层状材料，把乙烯单体在其中插层聚合而成的具有三维骨架的材料，具有超强的耐磨性、自润滑性，强度比较高、化学性质稳定、抗老化性能强，可以用于农业喷灌管道、火电厂粉煤管道、天然气和石油输运管道等。

纳米聚酯（图4-9）是利用无机纳米材料与酯类单体材料共混，然后聚合而成的材料。可以用于饮料包装、农药包装、日用品包装等。

纳米尼龙是利用无机纳米材料与尼龙单体共混，然后聚合而成的材料。可以用于帘子线、薄膜包装、齿轮轴承、管材等。

图 4-8 纳米超高分子量聚乙烯管材

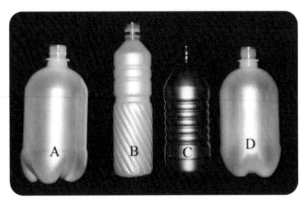

图 4-9 纳米聚酯瓶

◎ 纳米光学材料

纳米颜料（图 4-10）是利用纳米材料独特的光学性能制备的高性能系列复合颜料，色彩艳丽，保持持久，可以用于油墨印刷和喷墨打印等。

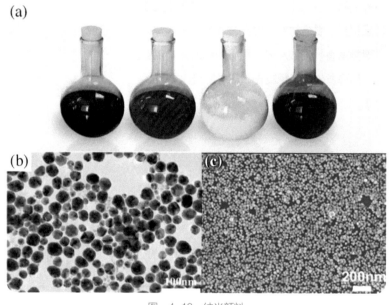

图 4-10 纳米颜料

知识点

颜料是能使物体染上颜色的物质。颜料有可溶性的和不可溶性的，有无机的和有机的区别。无机颜料一般是矿物性物质，人类很早就知道使用无机颜料，利用有色的土和矿石，在岩壁上作画和涂抹身体，如，贺兰山岩画、敦煌壁画等。有机颜料一般取自植物和海洋动物，如，茜蓝、藤黄和古罗马从贝类中提炼的紫色等。

能够以某种方式吸收能量，将其转化成光辐射（非平衡辐射）物质叫作发光材料（图4-11），将这些发光材料纳米化以后，会产生意想不到的特殊效果。发光材料的应用：光致发光粉是制作发光油墨、发光涂料、发光塑料、发光印花浆的理想材料。发光材料的发光方式是多种多样的，主要类型有：光致发光、阴极射线发光、电致发光、热释发光、光释发光、辐射发光等。

图 4-11 长余辉纳米发光材料

知识点

量子点电视（图4-12）是应用了量子点技术做背光源的电视，是液晶电视的一种。它与传统液晶电视的不同主要在于采用了不同的背光源，从而带来性能上的诸多不同，比使用LED背光的传统液晶电视在画面质量与节能环保上更具优势，已成为业内液晶电视新的发展方向。量子点应用到显示技术的主要原理是通过纯蓝光源，激发量子点发光管中不同尺寸的量子点材料，从而释放出纯红光子和纯绿光子，并与剩余的纯蓝光子投射到成像系统上，形成纯净、均匀的白光，并投射到光学膜片上。量子点电视达到了110%（NTSC 1931）的色域覆盖率，呈现出从未有过的色彩细节，画面色彩更加自然，层次更加分明，避免了失真和色块情况的出现。无论是冬日积雪的渐渐消融，还是春日新芽的慢慢生长，都能纤毫毕现，毫无偏差。

（a）量子点原材料　　　（b）量子点电视光源阵列　　　（c）量子点电视

图 4-12 量子点技术

◎ 纳米传感材料

利用纳米材料可以制成敏感度极高的超小型、低功耗、多功能集成的便携式传感器（图4-13）。

纳米载体材料（图4-14）是用于携带药物或诊断试剂的纳米材料，通常有脂质体、白蛋白、纳米胶束、纳米二氧化硅等。

纳米药物是尺寸在纳米尺度同时具有药物功能的材料，如富勒烯、蒙脱石散等。

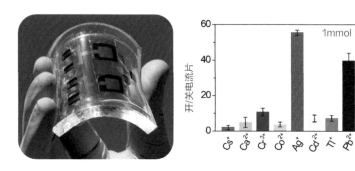

图 4-13 金属纳米颗粒二极管与传感器

前沿进展

现有的放疗、化疗等肿瘤治疗方法是建立在杀死肿瘤细胞的基础上，它同时也杀死正常细胞。中国科学家研制出一种新型纳米药物（含钆金属富勒醇）（图4-15），它并不直接杀死细胞，而是通过改变肿瘤细胞的生长环境，将肿瘤细胞"监禁"起来，阻止它们继续生长和转移。这种药物一旦进入临床，就会改变现有的肿瘤治疗方法。

知识点

绝缘子（图4-16）是防止电力污闪事故的重要元器件，但是由于空气比较脏，常常会吸附空气中的有机物或颗粒物，在有水的情况下极易形成水膜，造成短路，引起污闪事故。涂覆了纳米改性硅橡胶涂层的陶瓷绝缘子，表面疏水，有机物难以黏附，并且在有水的情况下，可以起到自洁作用，有效避免污闪事故的发生。

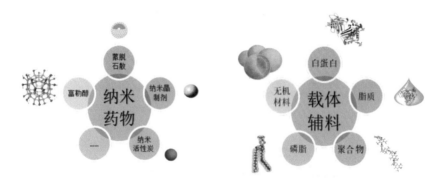

图 4-14　纳米药物及其载体

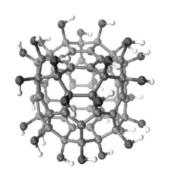

图 4-15　富勒醇

图 4-16　涂覆了纳米改性硅橡胶涂层
的陶瓷绝缘子

◎ 纳米涂层材料

添加了纳米材料的涂层，可以具有自洁、耐磨、耐腐蚀等令人惊讶的性能。首先，纳米涂层材料能够提高耐沸水能力，又可以耐海水浸泡，在目前海洋船体重腐蚀领域中最具有发展前景；其次，纳米涂层材料的硬度和耐磨性显著提高，可以用在轴承、汽车壳体、手机屏等方面；最后，某些纳米涂层材料还具有自洁性，可以用在汽车挡风玻璃、镜子等方面。例如，添加纳米材料的外墙涂料耐洗刷性由原来的 1000 多次提高到 1 万多次，老化时间也可以延长 2 倍以上。

纳米催化剂（图 4-17）是利用纳米材料粒径小、比表面积大、催化效率高、化学反应活性高的特点，广泛应用于尾气净化、工业催化等领域。例如，金属铂宏观态呈现化学惰性，但制成纳米材料后，却成为活性极高的催化剂。

烧结添加剂是利用纳米材料的高活性及表面原子占比高的特性，压制成块后的界面具有高能

图 4-17 基于碳纳米管的高效催化剂

量，在烧结中高的界面能成为原子运动的驱动力，有利于界面中孔洞收缩，因此在较低的温度下烧结就能达到密度接近理论极限的目的，具有很强的烧结能力，是一种高效的烧结添加剂，可改善高导热陶瓷的烧结工艺，提高烧结体密度和导热率。应用到粉末冶金，也可以大幅度降低能耗。

通常催化剂是贵金属，成本很高。中国科学家创造性地将非贵金属纳米颗粒封装在豆荚状碳纳米管内，首次发现金属的活性电子能够"穿过"碳管管壁，富集在碳管外表面的电子可以直接催化转化反应分子。在此基础上提出的利用碳纳米管作为"铠甲"来保护催化剂的概念，有效地解决了非贵金属催化剂在苛刻条件下的不稳定性问题，为未来设计和制备高活性、高稳定性的非贵金属催化剂开辟了新的方向。

2. 纳米环境与能源

随着纳米科技的崛起，人类利用资源和保护环境的能力也得到拓展。过去人们往往把环境保护的重点放在污染后的治理上，而对于污染源的控制，先进技术的革新关注和应用不够。纳米技术不仅可以治理存在的污染，而且能够在源头上控制污染源，提供更加环保的新技术。纳米材料在能源技术中的应用，不仅可以使原有的能源技术得到提升，还会促使更多新能源技术走进实用化，达到节能减排的目的。

◎ 太阳能电池

图　4-18　柔性纳米太阳能电池　　　图　4-19　可弯曲电子纸

太阳能电池（图4-18）一般都是刚性的，但是未来可穿戴设备的发展，对随身电力来源提出了更高要求，刚性太阳能电池难以满足这样的需求，利用纳米加工技术和新型材料，可以制备出满足可穿戴需求的柔性太阳能电池。

电子书待机时间长，一般可以达到1个月左右，同时还具有类似纸张的特点，非常适合图书和报纸的阅读，深受读书一族的喜爱。但是也存在携带不便的问题，未来发展趋势是柔性电子纸（图4-19），可以卷起来，便于携带，阅读的时候再铺展开。

◎ 污水处理

纳米絮凝剂具有很强的吸附能力，它是普通净水剂的很多倍，可将污水中的悬浮颗粒、污染物等除去，通过纳米孔径的过滤装置，还能把水中的细菌、病毒清除。其原理是由于细菌、病毒的粒径在微米和数百纳米，比纳米材料大得多，因此会被过滤掉，而水分子和其他离子却被保留，经过纳米材料净化的水体清澈，无异味，适合饮用。

水体污染和富营养化可导致有害水华，造成水体严重缺氧，危害水体生态环境及饮用水源安全。中国科学家将富氧纳米气泡与改性当地土壤材料相结合，在高效絮凝除藻的同时，修复底泥厌氧环境并控制内源污染，可以使藻类污染的水体快速澄清（图4-20）。

用纳米材料治理前　　　　　　　　　用纳米材料治理后

图 4-20　纳米材料污水处理

◎ 感光隔热

知识点

感光玻璃（图 4-21）可以根据光线的强弱，自动调节玻璃的颜色深浅，既可以起到隔热的作用，也可以用于信息存储与显示、图像转换、光强控制和调节等方面。

气凝胶（图 4-22）是一种固体物质形态，世界上密度很小的固体之一。气凝胶的种类很多，有硅系、碳系、硫系、金属氧化物系、金属系等。任何物质的凝胶只要可以经干燥除去内部溶剂后，可基本保持其形状不变，且产物高孔隙率、低密度，则皆可以称之为气凝胶。由于气凝胶中一般 80% 以上是空气，所以有非常好的隔热效果，3.3cm 厚的气凝胶相当 20 块 ~30 块普通玻璃的隔热功能。即使把气凝胶放在玫瑰花与火焰之间，玫瑰花也会丝毫无损。

图 4-21　感光变色玻璃　　　　　图 4-22　纳米气凝胶隔热毡子

◎ 自清洁

纳米自清洁玻璃、瓷砖(图4-23、图4-24)具有自动亲水防污功能。

图 4-23 纳米自清洁玻璃　　　图 4-24 纳米自清洁瓷砖

◎ 资源综合利用

纳米技术的应用将使很多的大型设备微小型化，譬如微机械、微马达、微泵、微纳传感器等，大幅度节约资源，能耗显著降低。

知识点

HEPA (High efficiency particulate air Filter)，中文意思为高效空气过滤器，达到 HEPA 标准的过滤网，对于 0.1μm 和 0.3μm 的有效率达到 99.7%，HEPA 网的特点是空气可以通过，但粒径细小的微粒却无法通过 (图4-25~ 图4-26)。

图 4-25 空调中的颗粒物过滤层　　　图 4-26 纳米复合过滤滤材

◎ 噪声控制

　　飞机、汽车、轮船等交通工具主机工作时的噪声可达上百分贝，对人和设备有可能造成损害和干扰。采用纳米材料制成的润滑剂，可以有效降低噪声，延长设备使用寿命。

　　碳纳米管被用作导电剂，已经广泛用于锂离子电池中，且实现了产业化，新型纳米锂离子电池（图4-27、图4-28）充电只需要 2min~3min 即可充满。

知识点　把抗菌纳米粉体添加到纺织品中，可以使纺织品具备抗菌能力，在一定程度上可以防止疾病的传播（图4-29）。

图 4-27　锂离子电池示意图　　图 4-28　应用锂离子电池的电动汽车

图 4-29　纳米抗菌衬衣和领带纳米功能纺织品

纳米材料绿色制版技术（图4-30）是一种非感光无污染低成本的新型印刷制版技术，不产生高危废水，不造成重金属污染，如果进一步推广，还必将引发整个印刷业颠覆性的变革。

综上所述，被称之为21世纪前沿科学的纳米技术对环境保护产生深远的影响，有着广泛的应用前景，甚至改变人类传统的环境观念，利用纳米技术发展绿色清洁能源和绿色制造技术，以及环境治理技术，减少污染和恢复被破坏的环境。

图 4-30 采用纳米材料绿色制版技术印制的印刷品

3. 纳米生物与健康

纳米生物医学，是纳米技术在生物医学中的应用，是生物医学技术和纳米技术的有机结合。包括纳米科技推动生命科学的发展、纳米粒子与药物载体技术、癌症早期诊断的纳米材料与技术、以医学应用为目标的纳米材料与纳米器件、生命科学研究中的纳米表征技术、再生医学中的多肽分子自组装技术、纳米材料对健康和影响的分析评价等。

将金纳米颗粒表面修饰多肽，与带负电荷携带信息的 Cas9 蛋白和引导 RNA 的质粒结合，形成一个整体上带负电荷的"纳米核"，再在该"核"外包裹带正电荷的脂质体层，形成一个具有核壳结构的纳米颗粒。该纳米颗粒可以通过细胞的胞吞及溶酶体逃逸途径进入细胞浆，在 514nm 激光照射下金颗粒和多肽之间的 Au-S 键被打开，从而将修饰在金颗粒上的多肽解离下来，与多肽通过静电相互作用结合的基因片段也随之解离下来并在多肽的指引下穿过细胞核膜进入细胞核。利用该纳米载体，在体外体内均可实现对肿瘤癌基因的靶向敲除并有效控制肿瘤的生长和转移。

走进医院检查身体，所使用的试纸和试剂很多都已是纳米产品，纳米试纸可快速筛查高危心脑血管疾病。最早应用纳米技术的是早早孕试纸，利用纳米金的显色反应（图 4-31），实现对早孕标志物绒毛膜促性腺素的快速检测。

肿瘤热疗（图 4-32）是泛指用加热来治疗肿瘤的一类治疗方法，利用物理能量加热人体全身或局部，使肿瘤组织温度上升到有效治疗温度，并维持一定时间，利用正常组织和肿瘤细胞对温度耐受能力的差异，达到既能使肿瘤细胞凋亡、又不损伤正常组织的治疗目的。肿瘤热疗已成为继手术、放疗、化疗和免疫疗法之后的第五大疗法，是治疗肿瘤的一种新的有效手段。

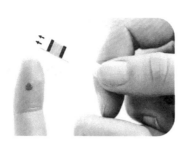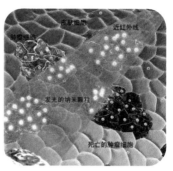

图 4-31 含有纳米材料的医用试纸　　　图 4-32 红外热疗

知识点

微流控（Microfluidics）（图 4-33、图 4-34）指的是使用微管道（尺寸为数十到数百微米）处理或操纵微小流体［体积为纳升（nL）到阿升（aL）］的系统所涉及的科学和技术，是一门涉及化学、流体物理、微电子、纳米材料、生物学和生物医学工程的新兴交叉学科。微流控检测芯片一般具有样品消耗少、检测速度快、操作简便、多功能集成、体积小和便于携带等优点，因此特别适合发展床边（POC）诊断和社区诊断，具有简化诊断流程、提高医疗结果的巨大潜力。

图 4-33 微流控芯片　　　图 4-34 微流控芯片配套的检测仪

纳米生物芯片就是在一块玻璃片、硅片、尼龙膜等材料上修饰上核酸或蛋白等纳米探针，然后由一种仪器收集信号，用计算机分析数据结果。生物芯片并不等同于电子芯片，只是借用概念，它的原名叫"核酸或蛋白微阵列"，因为它上面的反应是在交叉的纵列中发生的。具有高通量、快速、准确度高等优点，已成为 21 世纪前沿技术之一。在生物医药领域，纳米技术有着广泛的应用前景，如，利用纳米技术制造的微纳生物芯片，可以对血液进行检测，快速获得多种指标的检测结果（图 4-35）。

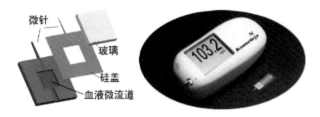

微针
玻璃
硅盖
血液微流道

图 4-35 微针血糖仪

分子马达（molecular motor）（图 4-36、图 4-37），是由生物大分子构成，利用化学能进行机械做功的纳米系统。生命体的一切活动，包括肌肉收缩、物质运输、DNA 复制、细胞分裂等，追踪到分子水平都是来源于具有马达功能的蛋白质大分子做功推送的结果，因此称为分子马达或蛋白质马达。近些年来，还发展出 DNA 分子马达。

◎ "导弹的制导部"——纳米药物载体

利用纳米材料开发药物递送系统，形成核壳结构。药物在体内运输的过程中，可以起到保护药物的作用，如果装配上识别病变部位的探针，可以定向输送到需要药物治疗的部位，类似导弹的制导部，可以指哪打哪，进而降低在正常组织器官中的药物浓度，降低药物的毒副作用，而增加需要药物治疗部位的浓度，提高疗效。

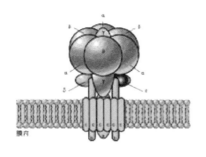

图 4-36 天然分子马达示意图

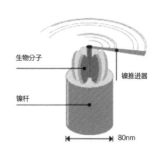

图 4-37 仿生制备纳米直升机

第一代纳米机器人（图 4-38）是生物系统和机械系统的有机结合体，如，酶和纳米齿轮的结合体。这种纳米机器人可注入人体血管内，可以进行健康检查，疏通血管中的血栓，清除血管中的脂肪沉淀物，吞噬病毒，杀死肿瘤细胞。第二代纳米机器人是直接从原子或分子装配成具有特定功能的纳米尺度的装置。第三代纳米机器人将具备通信功能，可以把信号向外传输。

图 4-38 纳米机器人清除血管栓塞示意图

前沿进展

利用 DNA 折纸术构建智能化的分子机器，通过自组装将"货物"凝血酶包裹在分子机器的内部空腔，使其与外界底物隔绝而处于非活性状态；分子机器两端装载有"雷达"核酸适配体，提供靶向识别和定位功能；当 DNA 纳米机器人到达肿瘤血管时，纳米机器上的"锁"识别特异标志物而发生结构变化，"锁"被打开，整个纳米机器由管状结构变为平面结构，暴露出内部装载的"货物"，进而实现诱导栓塞的功能。结果显示，这种 DNA 纳米机器人可以实现凝血酶在活体内的精准运输和定点栓塞，对于包括乳腺原位肿瘤、黑色素瘤、卵巢皮下移植瘤和原发肺部肿瘤在内的多种肿瘤都有良好的治疗效果。由于 DNA 纳米机器人可以实现精确的肿瘤定位，整个体系有效用量很低；同时 DNA 纳米机器人还有极好的识别响应功能，仅在肿瘤血管标志物存在时才启动活化凝血酶。这些性质保证了装载有凝血酶的 DNA 纳米机器人具有极高的特异性，在小鼠模型和迷你猪模型上都表现出良好的安全性。

◎ 纳米诱导组织器官再生

利用纳米生物材料特性，诱导干细胞分化成组织和器官，实现自体器官移植，避免排异反应，降低医疗成本。

◎ 纳米人工耳

耳朵里的纤毛直径为 100nm 左右，长度是 $1\mu m \sim 2\mu m$，损坏后会影响听力，纤毛越长越细，弹性越大，灵敏度就越高，现在可以利用碳纳米管等材料制造出人工纤毛，直径只有几 nm，长度可以到需要的任意尺寸，移植后，有可能实现传说中的顺风耳（图 4-39）。

◎ 纳米人工骨

利用与人体骨成分相近的羟基磷灰石等纳米材料,仿生制备人工骨,具有生物相容性,力学强度可调,可以与血管和肌肉生长在一起。特别是现在利用 3D 打印技术,可以个性化地定制人工骨,与损伤前的骨形状更类似。具体地说,先通过 3D 扫描技术,建立 3D 图像,然后通过软件修复缺损部分,再进行 3D 打印,使制造的人工骨与损伤前一模一样(图 4-40)。

图 4-39 接合神经细胞与电触点

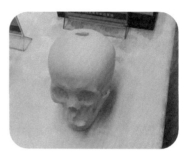

图 4-40 利用3D打印技术制备的纳米人工骨

4. 纳米电子与信息

纳米电子学是讨论纳米电子元件(图 4-41)、电路、集成器件和信息加工的理论和技术的新学科。它代表了微电子学的发展趋势并将成为下一代电子科学与技术的基础。最先实现的三种器件和技术分别是纳米 MOS 器件,共振隧穿器件和单电子存储器。

图 4-41 纳米芯片

纳米绿色印刷制备线路板（图4-42），可以用像喷墨打印机的方式，把纳米金属浆料打印在需要的材质上，形成电路，目前已经在地铁票、RFID天线、显示背光板等处获得应用。就像另一种类型的增材制造，能够避免传统印刷线路板制造过程中产生大量高危废水的问题。

图 4-42 基于绿色印刷技术的RFID天线、APEC会场门票、地铁票

纳米电子器件指利用纳米级加工和制备技术，如，光刻、外延、微细加工、自组装生长及分子合成技术等，设计制备而成的具有纳米尺度和特定功能的电子器件。目前已研制出许多纳米电子器件，如，电子共振隧穿器件（共振二极管、三极共振隧穿晶体管）、单电子晶体管、金属基半导体、单电子静电计、单电子存储器、单电子逻辑电路、金属基单电子晶体管存储器、硅纳米晶体制造的存储器、纳米浮栅存储器、

纳米硅微晶薄膜器件和聚合体电子器件等。高效的存储器将有助于实现不同设备之间更加智能的连接，而这对人工智能、云计算、大数据、无人驾驶、物联网等方面都将产生深远的影响，若问未来是什么样子，答案或许会在高效的存储器里。

知识点 纳米发电机（图 4-43、图 4-44）是指基于规则的纳米线、纳米管等纳米材料的发电机，是在纳米尺度内将机械能转化成电能，是世界上最小的发电机。

 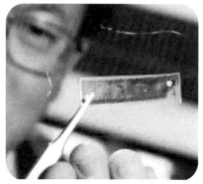

图 4-43 纳米发电机示意图　　　　图 4-44 纳米发电机实际照片

脑洞大开 利用纳米发电机，我们就可以收集人类走路产生的能量，汽车开过路面产生的能量，海洋波浪产生的能量……

前沿进展

2016 年 10 月伯克利实验室利用二硫化钼和碳纳米管，成功地研制出栅极线宽仅为 1nm 的晶体管，"史上最小尺寸晶体管"，这不仅仅大幅度超越了目前最为先进的商用芯片中晶体管 10nm 的栅极线宽，更是突破了硅基晶体管 5nm 栅极线宽的理论物理极限。根据之前的预测，由于受制于硅基晶体管尺寸的物理极限，预言晶体管尺寸不断缩小的摩尔定律可能会在 2021 年终结。而这项新研究也许预示着，在纳米材料的助力下，晶体管的微缩之路还可以继续走下去（图 4-45~图 4-48）。

图 4-45 3D 芯片

图 4-46 自旋极化扫描隧道显微镜的探磁针扫描示意图

图 4-47 柔性器件

图 4-48 碳纳米管电子器件

纳米传感器是一种用于医疗保健、汽车、机器人、人工智能、军事等领域的纳米生物、化学和信息传感器。与传统的传感器相比，纳米传感器尺寸减小、精度提高，性能大大改善，更重要的是容易实现多功能集成。

知识点

传感器（图4-49）是一种检测装置，能感受到被测量的信息，并能将感受到的信息，按一定规律变换成为电信号或其他所需形式的信息输出，以满足信息的传输、处理、存储、显示、记录和控制等要求。最灵敏狗的嗅觉可以分辨上千种气味，是天然的传感器，但是也存在易疲劳的缺点，如果能够仿生地制备这样的传感器，就可以摆脱这样的缺点，24小时工作，提高检测效率。

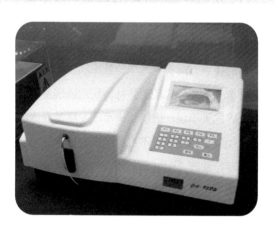

图 4-49 生化传感器

5. 纳米科技与军事

在人类的历史长河中，发生了大大小小各种各样的战争。从冷兵器时代、热兵器时代、生化武器时代到核武器时代。随着武器的升级，战争的破坏力越来越大。究其原因，是先进的科学技术应用于军事领域，提升了武器的破坏力。随着纳米技术的迅猛发展，许多新型纳米武器将彻底改变未来战争的理念，也许还会出现一个纳米武器的时代。纳米技术的发展和应用不仅改变人类的生产活动，生活方式和人类自身的发展，也将改变未来战争的格局，也使得对未来战场武器的微小型化成为可能，现代科幻小说中的"电子飞鸟"、古代神话小说中的"撒豆成兵"等将成为现实。

古人想象力十分丰富，四大名著《西游记》中有多处小武器的原型。例如，孙悟空多次变成小昆虫侦察妖情，甚至多次随着酒、茶水、西瓜等食品和饮料钻进妖怪的肚子里发动攻击，把庞然大物降伏了。纳米武器装备也有这样的特点，具有能耗小、效率高、集成度高以及智能化和使用维护简便等诸多优点，它们能弥补传统武器装备体积庞大、隐蔽性不强、防护力弱等先天不足，因而纳米军团发展备受青睐。纳米军团无所畏惧，可以替代战士执行一些不可能完成的任务，他们一般不直接与敌人作战，而是专打敌方"七寸"。如，纳米隐身战机可以使敌方雷达盲目失聪；纳米仿生昆虫可以侦察敌情或"钻进"敌方电子系统发动微型攻击，如入无人之境；纳米材料做战服可以让战士具备钢筋铁骨，打造未来超级战士。

美国F117和B-2（图4-50、图4-51）使用了纳米红外与微波隐身涂层，涂上纳米涂料的隐形飞机，普通雷达扫描不到它。对于F117来说，雷达和红外探测装置难以发现其踪迹，其雷达反射面积为

0.01m^2~0.001m^2,是典型的第四代战斗机;B-2飞机的隐身并非仅局限于雷达扫描层面,也包括降低红外线、可见光与噪声等不同信号,使被侦测与锁定的可能降到最低。

图　4-50　美国F117隐形战斗轰炸机　　图　4-51　美国B-2隐形战略轰炸机

知
识
点

　　隐身涂料是固定涂覆在武器系统结构上的隐身材料,按其功能可分为雷达隐身涂料、红外隐身涂料、可见光隐身涂料、激光隐身涂料、声呐隐身涂料和多功能隐身涂料。隐身涂层要求具有:较宽温度的化学稳定性;较好的频带特性;面密度小,重量轻;粘结强度高,耐一定的温度和不同环境变化。自20世纪90年代初以来,纳米材料和纳米技术的兴起和发展,给隐身涂料带来了突破性进展,已成为当前隐身技术领域研究的热点之一。纳米材料具有一些特殊的性能,如,高强度和高韧性、高热膨胀系数、高比热和低熔点、奇特的磁性和极强的吸波性能等。易于实现高吸收、涂层薄、重量轻、吸收频带宽、红外微波吸收兼容等要求,是一种极具发展前景的高性能、多功能材料,从而使纳米材料在隐身方面获得广泛的应用。

"纳米"来啦
令人脑洞大开的纳米科技

雷达探测靠的是接收物体反射回来的电波，如果没有反射波回来，仪器就认为空间没有物体出现。对于雷达隐身来说，有吸波就有透波，甚至是负折射率的材料，不但能实现雷达隐身，还可以实现视觉隐身。

飞行器的微小型化，可以将飞机的系统集成在一块小小的芯片上，使飞机的重量和大小缩小到几百分之一，还具备同样的功能。这样的微型飞机可以无孔不入到达敌人的指挥心脏，进行干扰、侦察和破坏。如果搭载核辐射传感器、生化传感器等，还可以深入核生化污染区进行检测，如，日本福岛核电站。此外，还可以用于火灾、地震等救灾现场，进行遥感或者发现幸存者等工作。

微型间谍飞行器（图4-52、图4-53）长约6in，能持续飞行1h，航程可达10英里。其功能是在建筑物中飞行或附着在其他设备上，一般雷达难以发现，任何现役武器都对它无能为力。

袖珍遥控飞机这种由美国研制并将批量生产的遥控飞机，只有5英镑纸钞大小，装有超敏感应器，可在夜暗条件下拍摄出清晰的红外照片，并将敌目标告知己方导弹发射基地，指引导弹实施攻击。

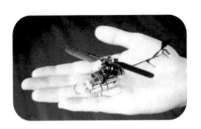

图 4-52 纳米飞行器

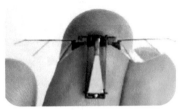

图 4-53 纳米虫间谍，窃取军事机密的高手

作用非凡的"电子苍蝇"是一种苍蝇形状的机器虫（图4-54），它既可用飞机、火炮和步兵武器投放，也可人工放置在敌信息系统和武器系统附近，大批机器"苍蝇"可在一个地区形成高效侦察监视网，大大提高战场信息获取的数量和质量。如果再给"苍蝇"安上某种极小的弹头，它们就会变成"蜇人的黄蜂"。

图　4-54　苍蝇飞机

难以分辨的"间谍草"这种形如野花野草的微型探测器内，装有敏感的超微电子侦察仪器、照相机和感应器，隐蔽性极好，具有如人类眼睛一样的"视力"，可侦测出数百米之外坦克、车辆等出动时产生的震动和声音，能自动定位、定向和移动。

微型攻击机器人（图4-55）大小不等，形状各异，大的像鞋盒，小的如硬币，可执行排雷、攻击破坏敌电子系统、搜集情报信息等任务。

知识点

纳米卫星（图4-56）采用MEMS（微型机电一体化系统）中的多重集成技术，利用大规模集成电路的设计思想和制造工艺，不仅把机械部件像电子电路一样集成起来，而且把传感器、执行器、微处理器以及其他电学和光学系统都集成于一个极小的几何空间内，形成机电一体化的、具有特定功能的卫星部件或分系统。纳米技术的发展为卫星小型化、微型化提供了技术基础。古代神话《封神演义》中的顺风耳和千里眼，就是卫星原型构思，都是足不出户，了解千里之外的敌军动态，做到知己知彼，百战不殆。

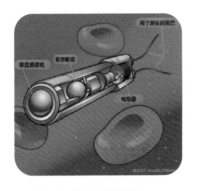

图 4-55 纳米机器人

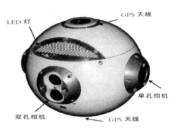

图 4-56 纳米卫星

图 4-57 蚊子导弹

图 4-58 蚂蚁士兵

知识点

利用纳米技术制造的形如蚊子的微型导弹（图4-57），可以起到神奇的战斗效能。"蚊子导弹"直接受电波遥控，可以神不知鬼不觉地潜入目标内部，其威力足以炸毁敌方火炮、坦克、飞机、指挥部和弹药库。

"蚂蚁雄兵"（图4-58）微型机器人的俗称。"蚂蚁雄兵"可以神不知鬼不觉地潜入敌方指挥部、弹药库、油料库等，像孙悟空钻进妖怪肚子里大发神威。

纳米作战服（图4-59）——纳米防护装备性能卓越。主要有纳米防护服、纳米头盔、纳米防护层等，它们质地轻薄、透气性能好、防水防油、防护功能强，甚至能根据周围环境颜色调整军服颜色。具有高阻燃、高强防弹、防辐射、红外隐身性、变色性、温度调节纤维及面料将为军需特种服装提供新材料。

纳米硅复合防火玻璃（图4-60）是一种高透明、坚硬的纳米硅防火胶与玻璃复合而成的新型防火玻璃，纳米硅防火胶是一种坚硬的无机透明防火结晶体，是一种新型耐候性、强稳定高品质的、超耐候性防火玻璃。含一层硅纳米颗粒的防火玻璃可帮助人体防止几百摄氏度的高温伤害达2个多小时。

图 4-59 穿戴纳米防护服的士兵

图 4-60 纳米硅复合防火玻璃

脑洞
大开

　　利用纳米材料特性，有一些脑洞大开的想法，如，不同粒径混合的纳米材料具有剪切增稠的效果（图4-61），在通常情况下是液体，当受到冲击时，材料变得坚硬如钢。如果应用到防弹衣中，可以大幅度提高防护效果。又如，碳纳米管和石墨烯强度是514不锈钢的100倍以上，密度只有其1/6，防冲击性能明显优于目前使用的凯夫拉纤维，应用到防弹衣上，可以大幅度减轻质量，提高防护效果。

　　新型防弹衣（图4-62）的防护物质是一种液体，它被灌装在传统防弹衣的夹层内。当子弹或弹片打到这种新型防弹衣上时，里面的液体会在子弹（或弹片）压力作用下瞬间转化为一种硬度极高的物质。当外部压力消失后，这种高硬度物质又恢复到液体状态。大大降低了防弹衣的重量，极大地增强了防弹衣的防护可靠性。

图 4-61 纳米剪切增稠材料　　　　图 4-62 添加了碳纳米管的防弹衣

图 4-63 是一种新型碳纳米管薄膜，它的质量比钢轻，但强度却是钢的 100 倍以上。这种新型材料用途广泛，可用于航空、军事、太空以及日常生活等各个领域。

图 4-63 碳纳米管薄膜

这种纳米薄膜还能负载强大的电流，因此它可以外包在飞机的表层。当发生雷击的时候，电流就会迅速通过机身发散出去，不会对机载设备产生危害。同时，它还可以保护机载电子设备避免其受到电磁的干扰和破坏。另外，这种材料还能让军用飞机屏蔽敌方的电磁信号，使雷达无法侦测到飞机。

轻量化、小型化是可穿戴设备的重要竞争点，但是电池是刚性的，无法弯曲，占用大量空间。碳纳米管复合材料柔性锂离子电池（图4-64）可以弯折 10000 次，开路电压基本没有变化；电池弯折 2000 次前后容量保持大于 95%，各项指标均已达到实用性要求，有望解决可穿戴装备的柔性电池问题。

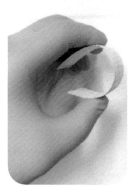

图 4-64 碳纳米管复合材料柔性锂离子电池

含有纳米金刚石的涂层不但有很强的高硬度、耐热冲击的能力，而且与金属基体有极强的附着力，该涂层尤为适合涂敷在坦克装甲、舰艇甲板、舰体表面、飞机喷管等部位，提高其表面的防护能力。

过去因为橡胶中要添加炭黑，来提高强度、耐磨性和抗老化性，所以轮胎通常是黑色轮胎"一统天下"。但是添加纳米材料生产出来的轮胎，色彩可以多种多样，性能也大大提高。例如，轮胎侧面的抗折性能可以由10万次提高到50万次。这些性能应用到轮式战斗车辆，可以显著减少维护，提高战斗力（图4-65）。

图 4-65 彩色轮胎

前沿进展
石墨烯气凝胶是一种氧化石墨烯制成的气凝胶，具有高弹性、强吸附的特点，应用前景广阔。每立方厘米重0.16mg，比氦气还要轻，约是同体积大小氢气重量的两倍。它对有机溶剂有超快、超高的吸附力，是已被报道吸附油能力最强的材料。现有吸油产品一般只能吸自身质量10倍左右的液体，而碳海绵能吸收250倍左右，最高可达900倍，而且只吸油不吸水。

纳米材料轻质高强的性能在轻武器方面的应用，可以有效减轻枪管、机匣、枪机、撞针等轻武器装备部件的重量，制造出坚固耐用、质量轻、战斗性能好的新一代轻武器。

许多发达国家都在研制激光武器，但如何防护士兵眼睛的损伤是相关领

图 4-66 添加了纳米材料的防护眼镜

域发展的一个重点内容，在眼镜片中添加纳米材料，可以有效阻挡某些特定波长的激光光线，同时也可以应用于舰艇和雪地作战，防止光线过强引起眩光和雪盲症（图4-66）。

金属等纳米材料高含能的特性，应用于火药方面，意味着可以提高轻武器弹头的初始速度，减少装药量，提高射程和单兵载弹量，对纵深突击、敌后作战、特种作战等都有不可估量的作用。

士兵在野外可能无法获得清洁的水源，随身携带大量的饮用水也不现实，唯一可选的办法是就地取材。纳米材料具有高比表面的性质，应用于水过滤装置，既可以解决士兵在野外饮用水问题，也可以用于抗震救灾等领域。利用生命吸管（图4-67）可以实现水的快速净化，过滤水中的颗粒物，杀灭病毒和细菌等微生物，吸附污染物等，保证提供清洁水源，保障士兵健康。

野外卫生装备是军队后勤广泛应用新材料的一个重要领域，纳米抗菌材料（图4-68）应用于绷带、导管、纱布、手术巾等卫生器材和敷料，可以有效减少外伤感染；浸有特殊树脂的绷带，可以在15min内变硬，形成外伤固定夹板；将药物用载体包覆起来，掺和到无毒聚合物中形成缓释型复合材料，可加快伤口愈合，成为新一代包扎材料；利用3D打印技术，将纳米羟基磷灰石等生物陶瓷材料打印成需要的骨科形状，进

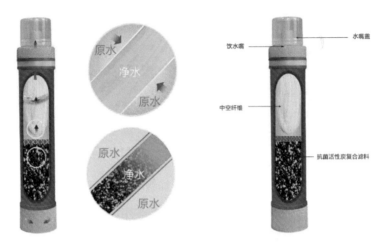

图 4-67 生命吸管原理示意图

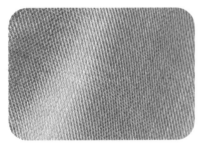

图 4-68 纳米银抗菌纺织品

图 4-69 量子计算机

行替换，可以快速治疗骨科外伤。

　　量子技术的发展，将研制出量子计算机（图4-69）、量子通信技术（图4-70）等，量子计算机强大的计算能力将使目前使用的密码全部透明，如果没有新一代加密技术，网络安全将面临浩劫；量子通信技术的发展，将实现不可解密码通信和超高速通信，防止在通信中被窃听。目前已经实现了上千千米的通信和量子卫星的升空。

前沿进展

量子计算机的信息单位是量子比特,量子比特可以表示"0",也可以表示"1",甚至还可以是"1"和"0"的叠加状态,即同时等于"0"和"1",而这种状态在被观察时,会坍塌成为"0"或是"1",也就变成了确定的值。此外,两个量子比特还可以共享量子态,无论这两个量子比特离得多远,也就是所谓的"量子纠缠"。理论上,2个量子比特的量子计算机每一步可以做到 2^2,也就是 4 次运算,所以说,50 量子比特的运算速度($2^{50}=1125×10^{16}$ 次)将秒杀最强超级计算机(目前世界最强的超级计算机是神威·太湖之光,运算速度是每秒 $9.3×10^{16}$ 次)。量子计算之所以如此重要,因为它可以颠覆众多领域,例如:军事方面,由于用量子计算机能轻易破译所有密码,一切现有的密码学全都要被重新改写;医学方面,量子计算机可以模拟人体内的各种复杂化学反应,建立起医学模拟的新模型;此外还有气象学、材料科学等领域都面临着量子计算的颠覆。

纳米生化传感器的发展,可以探测化学战剂和生物战剂,以及爆炸物和毒品等物质,这些传感器如果集成到单兵装备上,能够在很大程度上降低伤亡率,做到未雨绸缪。

图 4-70 量子通信(墨子号)

6.纳米生物效应

纳米材料与纳米结构作为自然界的一部分，必然要参与到自然环境循环（图4-71~图4-75），甚至宇宙的演化中。在生物圈，纳米材料与纳米结构由于尺寸很小，跟遗传物质、亚细胞器、细胞膜等物质在尺寸上接近，同时与生物分子、非生物分子等，都存在界面上复杂的相互作用，在生物演化的过程中扮演着神秘角色；在自然环境中，纳米材料与纳米结构作为自然演化的一部分，颗粒长大变成微米以上的物质，颗粒变小最终成为分子、原子，不断的循环往复着，但究竟在物质循环中起到什么作用，还有待揭开它如川剧变脸式的面纱；在宇宙里，宏观物质生成的过程中，纳米材料与纳米结构也许起到了重要作用，微观粒子形成分子、原子后，构成宏观物质的过程中，纳米尺度可能是一个不可逾越的阶段，以至于我们在6500光年以外的星云光谱中发现富勒烯的存在。但究竟是一个什么样的过程和相互作用，还有待我们去揭示。

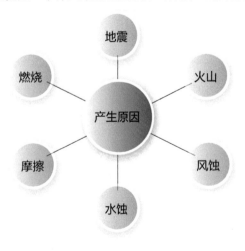

图 4-71 自然界中产生纳米颗粒的原因

图 4-72 纳米材料在自然界循环

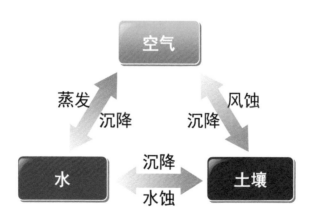

图 4-73 纳米材料在环境中迁移

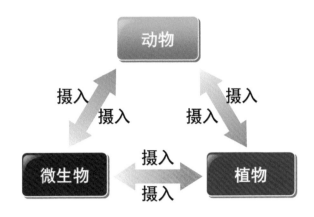

图 4-74 纳米颗粒在生物中流转

图 4-75 纳米材料独特性质的影响因素

　　纳米技术如其他技术一样，既存在美好的一面，也有它丑陋的一面，如果被滥用，也意味着人类的灾难，其破坏性也是目前无法想象的。例如，海湾战争时，型号为 BLU-114/B 的石墨炸弹在"沙漠风暴"行动中首次登场。当时，美国海军通过发射舰载战斧式巡航导弹，向伊拉克投掷石墨炸弹，攻击其供电设施，致使伊拉克全国供电系统 85% 瘫痪。石墨炸弹（图 4-76）是选用经过特殊处理的纯碳纤维丝制成，每根石墨纤维丝的直径相当小，仅有几千分之一厘米，已经非常接近纳米尺度，可在高空中长时间漂浮。它只要搭落在裸露的高压电力线或变电站所的变压器等电力设施上，具有极好导电性能的石墨纤维就会使之发生短路烧毁，造成大范围停电。

　　同样，我们在雾霾、沙尘暴和火山灰当中也会发现纳米颗粒的存在，它在帮助更大的颗粒物危害我们呼吸系统、皮肤等，也许这是负面效应的自然存在（图 4-77~ 图 4-79）。

图　4-76　石墨炸弹

图 4-77 沙尘暴

图 4-78 火山灰

图 4-79 雾霾

第5章
有趣的"纳米"

导语：纳米材料与纳米结构并不是人类率先发明出来的，大自然的鬼斧神工真的令人惊讶，在自然界当中一直存在着天然的纳米材料和纳米结构，如，孔雀的羽毛（图5-1）、沙尘暴中的超细颗粒、蛋白石、DNA等等，亿万年来这些奥秘一直在等待人类的揭示。如果我们师法自然，把这些奥秘应用到我们的生活中，那会是什么样呢？

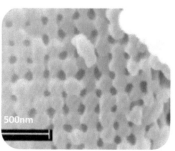

图 5-1 孔雀开屏及羽毛的电镜图

如果我们把这种技术仿真的应用到我们的服装上，就可以节省大量的染料，大幅度的减少印染废水，进而保护我们赖以生存的环境。如果用到汽车上，就可以实现在不同角度的变色（图5-2）。

孔雀开屏后五彩缤纷靠的是结构色，而不是染料或者颜料，电子显微镜下为我们揭开了这一谜团，孔雀的羽毛具有阵列性周期结构，靠着这些结构对光的散射和折射，形成了美丽的外表。

图 5-2 随角异色汽车

知
识
点

色素色又叫化学色，其颜色是由色素颗粒决定的。当色素颗粒的化学性质在改变时，色素就会因氧化或还原等化学作用变淡，甚至完全消失。结构色也叫物理色，物理色是由于光照射在不同结构上时，发生反射、折射所形成的。这种物理色不会受化学因素的影响而改变色泽，所以，它是一种永久性的颜色。在不同的光照角度或不同的光源下，便会产生不同的光芒和色彩。当色素色和结构色混合在一起时，就使颜色和纹路更美丽耀目了。

蝴蝶漂亮的外表下，很多也隐藏着丰富的阵列性纳米结构，也属于结构色（图5-3、图5-4）。

图 5-3 蝴蝶及其翅膀鳞片低真空扫描电镜图（伪彩）

图 5-4 蓝闪蝶的翅膀及微观结构

蛋白石（图5-5）是由二氧化硅纳米球沉积形成的矿物，其色彩缤纷的外观与色素无关，是因为几何结构上的周期性使它具有光子能带结构，随着能隙位置不同，反射光的颜色也跟着变化；换言之，是光能隙在玩变色游戏。

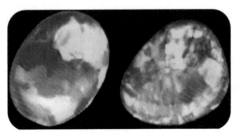

蛋白石　　　　　　　　　　　蛋白石的微观结构电镜图

图　5-5　蛋白石微观结构

知识点

光子晶体（图5-6）指能够影响光子运动的规则光学结构，这种影响类似于半导体晶体对于电子行为的影响。这是由不同折射率的介质周期性排列而成的人工微结构。光子晶体以各种形式存在于自然界中。

图　5-6　光子晶体结构

荷花（图5-7）出淤泥而不染，在电子显微镜下，揭开了它神秘的面纱。原来在一层蜡质之下，还存在丰富的乳突结构，这些结构都是在微纳尺寸形成了荷叶超疏水的性质。

疏水的荷叶

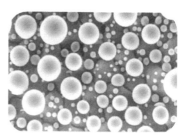
荷叶表面环境扫描电镜图（伪彩）

图 5-7 荷叶及微观结构

脑洞
大开

如果我们能够在服装上仿生制备这样的微纳结构，就可以免于吃饭时汤汁、酒水等的污染（图5-8）。

如果我们把这种技术用在轮船上，就可以大幅度提升载重量，提高航行速度。

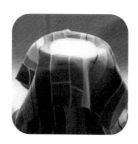

图 5-8 防污纺织品

水黾（图5-9）能够在水面上快速奔跑和急停，活脱脱一个水上漂，它为什么能够有这样的功能呢？其实也是靠微纳结构的作用，在电子显微镜下，可以看到水黾足部存在丰富的阵列微纳结构，这些结构形成了很大的浮力，可以支撑它8倍以上的体重，所以可以快速地在水面上奔跑。

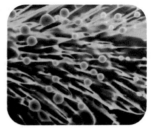

水黾 水黾足刚毛水凝结环境扫描电镜图（伪彩）

图 5-9 水黾及微观结构

图 5-10 仿生水黾

前沿进展

以多孔状铜网为基材，并将其制作成数艘邮票大小的"微型船"，如仿生水黾（图5-10）一样，然后通过硝酸银等溶液的浸泡处理，使船表面具备超疏水性。这种微型船不但可以在水面自由漂浮，且可承载超过自身最大排水量 50% 以上的质量，甚至在其重载水线以上的部分处于水面以下时也不会沉没。船表面的超疏水结构可在船外表面形成"空气垫"，改变了船与水的接触状态，防止船体表面被水直接打湿。

　　不管是粗糙的墙面，还是光滑的镜面，壁虎都能疾步而飞。现实中，这样的壁虎手套真的存在吗？壁虎在天花板上藐视重力行走如飞这样反常理的现象自然会吸引人们的眼球，并使人苦苦求解。但是当我们在历史的长河中搜索答案时，仅有亚里士多德将其归咎于超自然的力量，这个结论离真相很远。在显微镜被发明以后，直到1872年，才有科学家用显微镜观察发现壁虎的脚底板上布满了细小的刚毛，并且刚毛的末端似乎是弯曲的，于是人们想到了尼龙粘扣。由于光学显微镜原理的限制，它的极限分辨率只有200nm左右，而壁虎刚毛的直径已经接近了这个分辨率极限，这使我们离真相只有一步之遥。随着技术的进步，到了20世纪50年代，更高分辨率的电子显微镜的出现，才给了人们以研究壁虎神奇攀爬术的工具，真相才进一步揭开。那些看似小钩子一样的刚毛末端，实际上是开叉的，每根刚毛都分成了100~1000根更细的绒毛，这些绒毛极大地增加了壁虎脚掌的面积，特别是当壁虎攀在那些粗糙的物体表面时，这些绒毛更能填满那些细小的坑洼。每一根绒毛与物体的范德华力虽然很小，但是抵不过数量巨大，最终形成的作用力是相当大的，足以支撑壁虎的体重（图5-11、图5-12）。

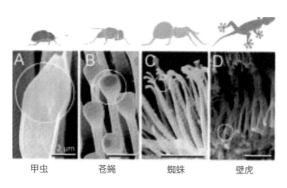

甲虫　　苍蝇　　蜘蛛　　壁虎

图　5-11　甲虫等微观结构

图　5-12　仿壁虎
　　　　　胶带

"纳米"来啦
令人脑洞大开的纳米科技

《碟中谍4》中最热血的桥段莫过于阿汤哥徒手攀爬世界第一高楼——哈利法塔了。阿汤哥的萌呆同伴提供给他的看似好用，关键时候又掉链子的神奇壁虎手套无疑为剧场里的惊声尖叫增加了不少分贝。阿汤哥在哈利法塔外墙上留下了潇洒的身影，正是凭借手上的那对壁虎手套，你是不是也想拥有这样一件"神器"？

蝉（图5-13）的脉翅可以杀死细菌，迄今为止，这是发现生物仅依靠其表面物理结构就可以杀死细菌的第一个案例。

图 5-13 蝉及其蝉翼电镜图

这种现象是否可以借鉴呢？当我们把目光放在材料上，是否可以找到这样功能的材料呢？经过筛选和搜寻，结果发现，石墨烯的边缘结构也可以起到同样的效果。

蛇尾海星（图 5-14）又称蛇发怪海星、条纹蛇尾、条纹脆蛇尾，或虎纹海星，是一种碟形的带甲壳的海底生物。它有五个触角，没有眼睛，却能够敏感地感知远处潜在的天敌，并及时将触角缩进壳里。蛇尾海星产生这种现象原因，长期以来一直困扰着生物学家。这个问题的答案在其甲壳上：蛇尾海星身上面长满了"眼"，即数以万计的完美的微型透镜，这样，整个毛茸茸的身体就构成了海星眼观六路的"眼睛"。

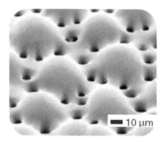

图 5-14 蛇尾海星及微观结构

水母（图 5-15）很敏感，能够听到次声波，特别是风暴来临前，会发出很强的次声波，风暴产生时发出的次声波（由空气和波浪摩擦而产生，频率为 8Hz ~13Hz，传播比风暴、波浪的速度快），耳朵的共振腔里长着一个细柄，柄上有个小球，球内有块小小的听石，当次声波刺激球壁上的神经感受器时，水母就知道来临的风暴。

图 5-15 "水母耳"风暴预测仪

脑洞
大开

　　利用这种原理研制的水母耳风暴预测仪，相当精确地模拟了水母感受次声波的器官。把这种仪器安装在舰船的前甲板上，当接收到风暴的次声波时，可令旋转360°的喇叭自行停止旋转，它所指的方向，就是风暴前进的方向；指示器上的读数即可告知风暴的强度。这种预测仪能提前15h对风暴做出预报，提高人类抗风暴破坏的能力。

　　蜜蜂的蜂巢（图5-16）构造非常精巧、适用而且节省材料。蜂房由无数个大小相同的房孔组成，房孔都是正六角形，每个房孔都被其他房孔包围，两个房孔之间只隔着一堵蜡制的墙。这种蜂巢结构强度很高，重量又很轻，还有益于隔音和隔热。因此，现在的航天飞机、人造卫星、宇宙飞船在内部大量采用蜂窝结构，卫星的外壳也几乎全部是蜂窝结构。石墨烯的结构类似蜂房的横切面。

图　5-16　蜂巢

第**6**章
暸望"纳米"

　　许多人认为纳米科技仅仅是遥远的未来基础学科的事情，没有什么实际意义。但我确信纳米科技现在已具备与 150 年前微米科技所具有的希望和重要意义。诺贝尔奖获得者海·罗雷尔说："未来将属于那些明智接受纳米科技，并且首先学习和使用它的国家。"

　　进入纳米时代，人们的生活将发生显著的改变，采用纳米技术将制造出许多人们无法想象的奇妙产品，纳米科技将促进人类认知领域的革命。如果说信息技术拉近了人与人之间的距离；基因技术使人类开始认识和改造自身；纳米技术则为前两项技术的深入发展提供了有力工具（图 6-1）。

　　自 20 世纪 80 年代开始，许多发达国家和地区先后制定了 60 多个国家级的纳米科技发展规划，投入巨资组织相关力量展开纳米技术竞争。美国自 1991 年开始，把纳米技术列入了"政府关键技术"。2000 年 1 月，时任美国总统的克林顿在加利福尼亚理工学院发表演讲，对积极制定国家纳米技术计划（NNI），使之成为下一次产业革命的领头羊表现出强烈愿望。如，美国为保持纳米科技在基础研究和产品开发方面处于国际领先地位，通过 NNI 计划保证了对纳米科技方面的高投入，并且不受经济危机影响而持续增加。迄今为止，根据美国政府官方公布的数据，如果包含 2019 财年的预算在内，NNI 的总投入超过了 270 亿美元。

德、日、英、法、韩、俄等国家也把发展纳米技术摆在优先地位。2007年欧盟在第七个科技框架计划（2007—2013年）中，与纳米技术、材料和工艺有关的研发投入达48.65亿欧元，研究经费比第六个科技框架计划大幅度增加，该计划确定的纳米技术优先领域是生命与健康、信息与通信技术、材料与新的生产技术等。欧盟委员会2011年11月30日公布了"地平线2020（2014—2020）"科研规划提案，规划为期7年，预计耗资约703亿欧元。其中支持光电子、微纳电子领域15.88亿欧元，纳米技术、新型材料和先进制造加工技术37.97亿欧元，该提案还特别强调了创新和市场驱动。

我国对纳米科技的研究可以追溯到20世纪90年代初，国家科委、国家自然基金会、中国科学院就将纳米技术研究列入了攀登计划项目和相关重点项目。2000年11月，科技部组织有关技术专家和管理专家组成了"国家纳米科技指导与协调委员会"，发布了《国家纳米科技发展纲要（2001—2010年）》。根据《纲要》，科技部、国家自然科学基金委员会、中国科学院和教育部在纳米科技领域部署了一系列的重大研究计划，这些计划覆盖了纳米科技的主要研究方向。2006年我国发布的《国家中长期科技发展规划纲要（2006—2020）》中将纳米科技列为四大重大研究计划之一。2016年启动的国家重点研发计划中纳米科技再次被列入重点专项。同时，我国对纳米科技的投入持续增加，迄今为止，总投入超过百亿（图6-2）。

到2015年，科技界当初预测的目标，绝大部分已经实现。正如科学家所预言：纳米技术这一新兴的高科技领域，将成为21世纪一颗冉冉升起的明星。

"我相信，纳米科学和技术将会是下一个时代的中心，正像20世纪70年代以来微米科技引起的革命一样。"——John Armstrong

图 6-1 纳米技术与现代科技关系

"纳米"来啦
令人脑洞大开的纳米科技

发达国家和地区	**美国**– NNi计划（2001年至今）、《21世纪纳米技术研究开发法案》（2003年） **日本**– 第2、3、4、5期科技基本计划（2001—2005年，2006—2010年，2011—2015年，2016—2020年）、《技术战略路线图 2009年》 **欧盟**–《欧洲纳米技术发展战略》、第六/七框架计划（2002—2013年）、地平线2020 **俄罗斯**– 发展纳米技术基础结构》联邦专项计划（2007—2010年）、《俄罗斯纳米技术集团公司联邦法（2007年）》、《纳米基础设施发展（2008—2010年）》联邦专项计划、《2015年前国家纳米工业发展计划》
新兴工业经济体	**韩国**–《促进纳米技术10年计划》（2001—2010年）、《促进纳米技术开发法》（2002年）、《第2次纳米技术综合发展计划》（2006—2015年）、第二期国家纳米技术路线图（2014—2025） **新加坡**– 科学技术研究局（A*STAR）为主要资助机构，给予纳米科技领域强化投入 **中国台湾**– 1999年起制定《纳米材料尖端研究计划》、《纳米科技研究计划》等
发展中国家	**中国**–《国家纳米科技发展纲要》（2001—2010年）、《国家中长期科学和技术发展规划纲要》（2006—2020年）、《国家纳米科技十二五发展规划》《中国制造2025》 **印度**–《国家纳米技术计划》（2001年起） **南非**–《国家纳米技术战略》（2005年起）

图 6-2 世界纳米科技发展战略部署情况

138

结语

　　纳米技术的前景无限光明，纳米时代将使世界发生颠覆性变化，我们将为纳米时代的到来欣喜若狂。纳米技术能够促进科技、经济和社会的飞速发展，带来科技的日新月异。那时，也许会觉得纳米科技全是美好的，然而，正如其他科学技术一样，纳米技术也是一把双刃剑。我们在期待纳米技术给我们带来惊喜的时候，也要对纳米技术可能带来的负面影响防患于未然，更加理性地对待纳米科技，有所为有所不为。在新经济时代，如果说信息技术是新经济的血管，纳米技术则是新经济的血液。纳米技术对经济的影响已经不是纸上谈兵，而是展现出巨大的经济前景。

　　在众多领域，纳米技术已经全面开花，深入到新兴产业和传统产业，创造新产品，提升传统产品的技术含量。我们已经清楚地意识到纳米技术在经济和国家综合国力竞争中的分量。这是一场世界性的角逐，也是一个难得的发展机遇，给了我们弯道超车的可能。

　　我相信纳米技术在不久的将来会给人类带来巨大的利益，一定会是继计算机、基因技术之后世界强国追逐的又一大科技热点。因为纳米科技的魅力主要在于它几乎可以将人类目前所有的高科技重新定义。随着纳米科技的逐渐深入，很多在科幻小说中形容的高科技现在也开始变成现实。究竟纳米科技还将孕育出哪些黑科技，让我们拭目以待吧……

致谢

　　在本书的写作过程中，得到了国家纳米科学中心的领导和同仁，以及我的家人和朋友对我工作的关心和支持，在此一并表示感谢！如果没有他们的关心和支持，本书也无法完成，在此向他们表示最诚挚的谢意！特别感谢我儿子任泽臣的启发和讨论，由于周末没有时间在家陪他，只好拉他陪我做科普。小小年纪就与初中生，甚至高中生为伴。事实证明，即使是最简单的说教，相对于小学生来说也是多么苍白无力。他曾很礼貌地跟我说过，是否只去做实验，而不去听我的讲座。希望通过本书的努力，能够激发他们这一代去思考，发现问题，想办法去解决问题，我想我的初衷也就达到了。虽然不是我去直接教他们什么，但我希望我写下的这些文字，能够通过更多途径传播出去，比如，通过科学课老师传授给他们。

　　此外，还要感谢国家纳米科学中心提供良好的工作与学习环境。特别感谢国家纳米科学中心主任刘鸣华研究员、前党委书记查连芳、前党委书记刘洪海、副书记唐裕华、副主任赵宇亮院士、副主任唐智勇研究员、韩东研究员、裘晓辉研究员、聂广军研究员、张忠研究员、魏志祥研究员、吴晓春研究员、陈春英研究员、智林杰研究员、蒋兴宇研究员、贺涛研究员、戴庆研究员、孙佳殊研究员、万菲主管、窦凯飞主管、胡海同学、东南大学顾宁教授、清华大学范守善院士、刘冬生教授、魏飞教授、上海市纳米科技与产业发展促进中心闵国全主任、费立诚副主任、东华大学朱美芳教授、清华大学深圳研究院的马岚教授、武汉大学张志凌教授、中国科学院大连化物所包信和院士、中国科学院电子所蔡新霞研究员、四川大学李玉宝教授、北京化工大学陈建峰院士、中国科学院兰州化学物理研究所刘维民院士、中国科学院上海高等研究院封松林院长、中国科学院上海微系统所宋志棠研究员、中国科学院合肥智能所刘锦淮副所长、中国科学院过程工程研究所的陈运法书记、中国科学院金属研究所成会明院士、河南大学张治军教授、中国科学院化学所赵进才院士、宋延林研究员、中国科学院理化技术研究所江雷院士、中国科学院生态环境中心潘刚研究员、中科院科学传播局马强副调研员、中科院天地生科学文化传播中心袁志宁主任、青少部季慧部长、北京梦工坊有限公司闫志军董事长等给予的特别帮助。

　　最后，由于纳米科技涉及学科门类多，本人才疏学浅，水平有限，书中观点难免有失偏颇，特别是对一些专业问题理解可能不到位，不足乃至错误之处在所难免，希望各位专家和读者不吝赐教。

参考文献

[1] Irving Langmuir. The Constitution and Fundamental Properties of Solids and Liquids: II. Liquids[J]. Journal of the American Chemical Society. 1917, (39): 1848–1906.

[2] H.Synge. A suggsted method for extending the microscopic resolution into the ultramicroscopic region[J]. The London, Edinburgh, and Dublin Philosophical Magazine and Journal of Science. 1928, (6): 356–362.

[3] R. Arthur, J. J. LePore. GaAs, GaPand GaAsxP1-x epitaxial films grown by molecular beamdepositions[J]. J. Vac. Sci. Technol. 1969, (6): 545.

[4] Martin Fleischmann et al. Raman Spectraof Pyridine Adsorbed at a Silver Electrode[J]. Chemical Physics Letters. 1974, (26): 163–166.

[5] Aviram, Arieh; Ratner, Mark A.Molecular rectifiers[J]. Chemical Physics Letters. 1974, (29): 277–283.

[6] Rossetti, R., Nakahara, S., Brus, L. E.Quantum size effects in the redox potentials, resonance Raman spectra, andelectronic spectra of CdS crystallites in aqueous solution[J]. The Journal of Chemical Physics. 1983, (79): 1086–1088.

[7] W. Kroto, J. R. Heath, S. C.O'Brien, R. F. Curl and R. E. Smalley. C60: Buckminsterfullerene[J]. Nature. 1985, (318): 162-163.

[8] Baibich, M. N.; Broto; Fert; Nguyen VanDau; Petroff; Etienne; Creuzet; Friederich; Chazelas. Giant Magnetoresistanceof (001)Fe/(001)Cr Magnetic Superlattices[J]. Physical Review Letters. 1988, (61): 2472-2475.

[9] Brian O'Regan and Michael Grätzel. Alow-cost, high-efficiency solar cell based on dye-sensitized colloidal TiO_2films[J]. Nature. 1991, (353): 737–740.

[10] Sumio Iijima. Helical microtubules of graphitic carbon[J]. Nature. 1991, (354): 56-58.

[11] Peter R. Ashton, J. Fraser Stoddar etal. The self-assembly of a highly ordered [2]catenane[J]. J. Chem. Soc., Chem.Commun. 1991, (0): 634-639.

[12] T. Kresge, M. E. Leonowicz, W. J.Roth, J. C. Vartuli and J. S. Beck. Ordered mesoporous molecular sievessynthesized by a liquid-crystal template mechanism[J]. Nature. 1992, (359): 710–712.

[13] Michael F. Crommie, Christopher P.Lutz, Don M. Eigler. Confinement of Electrons to Quantum Corrals on a MetalSurface[J]. Science. 1993, (262): 218-220.

[14] James L. Wilbur, Amit Kumar, Enoch Kim,George M. Whitesides. Microfabrication by microcontact printing of self-assembled monolayers[J]. Adv. Mater. 1994, (6): 600-604.

[15] Dmitri Routkevitch, Martin Moskovits etal. Electrochemical Fabrication of CdS Nanowire Arrays in Porous AnodicAluminum Oxide Templates[J]. J. Phys. Chem. 1996, (100): 14037-14047.

[16] M. Yaghi et al. HydrothermalSynthesis of a Metal-Organic Framework Containing Large Rectangular Channels[J]. J.Am. Chem. Soc. 1995, (117): 10401-10402.

[17] John J.Kasianowicz, Daniel Branton et al. Characterization of individualpolynucleotide molecules using a membranechannel[J]. Proc. Natl. Acad. Sci. 1996, (93): 13770–13773.

[18] W. Ebbesen et al. Extraordinaryoptical transmission through sub-wavelength hole arrays[J]. Nature. 1998, (391): 667–669.

[19] Barrett Comiskey, Joseph Jacobson etal. An electrophoretic ink for all-printed reflective electronic displays[J]. Nature. 1998, (394): 253–255.

[20] Alfredo M. Morales, Charles M. Lieber. Alaser ablation method for the synthesis of crystalline semiconductor nanowires[J]. Science. 1998, (279): 208–211.

[21] Nagatoshi Koumura, Ben L. Feringa etal. Light-driven monodirectional molecular rotor[J]. Nature. 1999, (401): 152–155.

[22] Richard D. Piner, Chad A. Mirkin et al."Dip-Pen" Nanolithography[J]. Science. 1999, (283): 661-663.

[23] Huang, P. Yang et al. Room-temperature ultraviolet nanowire nanolasers[J]. Science. 2001, (292): 1897-1899.

[24] JingdongLuo, Zhiliang Xie, Daoben Zhu, Ben Zhong Tang et al. Aggregation-inducedemission of 1-methyl-1,2,3,4,5-pentaphenylsilole[J]. Chem. Commun. 2001, (18): 1740-1741.

[25] Feng, L. Jiang et al. Super - Hydrophobic Surfaces: From Natural to Artificial[J]. Adv. Mater. 2002, (14): 1857-1860.

[26] P. Tong, K. Lu et al. Nitriding Iron at Lower Temperatures[J]. Science. 2003, (299): 686-688.

[27] Novoselov, K. S.; Geim, A. K. et al. Electric Field Effect in Atomically Thin Carbon Films[J]. Science. 2004, (306): 666–669.

[28] ZhongLin Wang et al. Piezoelectric Nanogenerators Based on Zinc Oxide NanowireArrays[J]. Science. 2006, (312): 242-246.

[29] PaulW. K. Rothemund. Folding DNA to create nanoscale shapes and patterns[J]. Nature. 2006, (440): 297–302.

[30] Akihiro Kojima, Tsutomu Miyasaka et al. Organometal Halide Perovskites as Visible-Light Sensitizers for Photovoltaic Cells[J]. J. Am. Chem. Soc., 2009, (131): 6050–6051.